U0292201

一本书读懂
碳交易

肖忠湘◎著

ZHEJIANG UNIVERSITY PRESS
浙江大学出版社
·杭州·

图书在版编目（CIP）数据

一本书读懂碳交易 / 肖忠湘著. —杭州：浙江大学出版社，2022.11
ISBN 978-7-308-22976-0

Ⅰ.①一… Ⅱ.①肖… Ⅲ.①二氧化碳—排污交易—研究—中国 Ⅳ.①X511

中国版本图书馆 CIP 数据核字（2022）第 159277 号

一本书读懂碳交易

肖忠湘　著

责任编辑	顾　翔　卢　川	
责任校对	陈　欣	
封面设计	VIOLET	
出版发行	浙江大学出版社	
	（杭州市天目山路 148 号　邮政编码 310007）	
	（网址：http://www.zjupress.com）	
排　　版	杭州青翎图文设计有限公司	
印　　刷	浙江海虹彩色印务有限公司	
开　　本	710mm×1000mm　1/16	
印　　张	17.75	
字　　数	235 千	
版 印 次	2022 年 11 月第 1 版　2022 年 11 月第 1 次印刷	
书　　号	ISBN 978-7-308-22976-0	
定　　价	68.00 元	

联合国政府间气候变化专门委员会(IPCC)发布的系列报告显示,人类活动的碳排放,尤其是煤炭、石油、天然气等化石能源产生的碳排放是导致大气温室气体浓度上升和全球变暖的主要原因。工业革命之前,大气中自然存在的二氧化碳浓度大约为280ppm(浓度单位,1ppm=0.0001%);工业革命之后,2020年大气中二氧化碳浓度已上升至417ppm。全球气候问题日益严峻,尤其是21世纪以来,各国经济呈现高速发展的态势,伴随而来的是全球碳排放量的迅猛增长。

中国是世界上最大的发展中国家,庞大的人口基数、经济的高速增长和工业的发展带来了碳排放量的大幅度增长。早在2009年,中国的碳排放总量就已超过美国,成为全球最大的碳排放国。2019年中国碳排放总量约占全球总量的27%,而中国的GDP却只占全球的16.34%,这就说明中国单位GDP的碳排放量不容乐观。这也意味着,随着经济的持续增长,在碳减排方面,中国会面临一定的国际压力。

2020年9月22日,中国国家主席习近平在第75届联合国大会上宣布:中国将提高国家自主贡献力度,采取更加有力的政策和措施,二氧化碳排放力争于 2030 年前达到峰值，努力争取 2060 年前实现碳中和。"3060"目标的提出，标志着中国将以 2030 年实现碳达峰、2060 年实现碳中和为节点，用短短 30 年的时间走完欧美发达国家长达半个多世纪的路程。

近年来，世界各国不断探索减缓气候变化、降低温室气体排放量的有效途径，尝试通过市场、财税、行政等多种手段，引导社会资源配置。其中，市场机制以其全面、高效、透明、低成本的独特优势脱颖而出。

碳交易实现了碳排放权的资本化，利用价格机制倒逼企业淘汰落后产能、实现转型升级，充分发挥了市场在低碳绿色转型方面的关键作用。

2021 年 7 月 16 日，备受瞩目的全国碳排放权交易市场正式开始上线交易，这也就意味着中国碳排放宏观管控的"两只手"基本形成。一只是"有形的手"，即政府制定的政策和措施，将重点碳排放单位纳入强制性碳排放权交易市场，通过政策驱动各行各业节能减排降碳。另一只是"无形的手"，通过碳交易市场机制，激励企业低碳转型，推动企业、个人、金融机构参与碳中和行动，从而实现减排目标。

碳达峰、碳中和目标为中国碳市场的建设提供了极佳的历史机遇，碳交易市场体系前景是美好的，但是同时我们也要意识到，当下中国碳排放权交易市场的发展仍面临着诸多问题，例如，碳市场在顶层设计、政策协调、市场建设、基础能力等方面均面临挑战。

碳市场是实现碳达峰、碳中和目标的重要制度创新，也注定是一项长期的系统工程。《一本书读懂碳交易》从碳中和到碳交易、从政策到市场、从经济学原理到实践运用、从国际到国内、从现在到未来多个维度介绍了碳交易的发展和趋势，着重分析了中国的碳交易市场的起源、现状与挑战，同时对企业和个人如何参与碳中和、碳交易提供了指引，能够让读者全方位清晰地了解碳交易，既具备理论高度,又具备可操作性。更重要的是,作者在书中秉持人文关怀与家国情怀思考,并大胆畅想中国碳市场未来发展,积极建言献策。特别值得推介的是:作者既具有深厚的理论研究功底,又常年在实践中摸爬滚打(至今仍在一线),因此本书规避了一般性著作实用性、可操作性不强的通病。

中国的碳市场正处在加速发展阶段,很高兴在这个重要的时间节点看到《一本书读懂碳交易》的出版。在"双碳"绿色浪潮下,希望这一顺势而生之作能帮助企业、个人加深对碳交易活动的理解,引发更多读者对碳交易市场的关注和参与,聚合有识之士、有志之士,拥抱伟大时代,投身于碳中和的时代浪潮中。

国家开发银行原行务委员、

中国新能源海外发展联盟副理事长

自工业革命以来，人类开启了一场现代化进程，200多年的工业化进程释放出巨大的生产力，工业化让我们打开了一个新世界的大门。可以说，人类文明现代化的本质就是工业化。

但是，工业时代下化石能源的过度使用导致二氧化碳超量排放，扰动了几十亿年形成的自然循环体系。煤炭、石油、天然气等化石能源的过度消耗使得全球碳源和碳汇的自然平衡被打破。在全球经济发展的过程中，资源利用效率低下、废弃物污染严重、温室气体排放失控、水资源过度浪费等问题层出不穷，由此产生的气候变暖、冰川融化、海平面上升、荒漠化加剧、生物多样性被破坏、极端气候事件频发等问题已经成为全球生物避无可避的生存威胁。

FOREWORD
推荐序二

中国"双碳"战略目标的提出，无疑是一个具有全球影响力的重大事件。随着全球越来越多国家相继提出净零排放或碳中和目标，能源、工业、交通、建筑、农业等部门的减排目标也由过去的"低碳"逐渐向"零碳"过渡。

"碳"是人类社会发展必然会产生的"副产品"，我们不可能将"碳"作为普通的"污染物"来简单化处理。

不合理的资源开发利用方式已经成为制约

经济发展的巨大瓶颈,可持续的资源管理分配方式已经成为产业发展的必然选择。稀缺资源只有通过市场进行配置,才能提高使用效率。在此背景之下,碳市场这个全新的事物诞生了。

碳排放权交易就是根据排放目标来确立排放权的稀缺性,通过无偿或者有偿的方式分配排放权配额,依托碳排放的报告体系、监测体系和核证体系,以公平可靠的交易平台、灵活高效的交易机制,实现排放权的价值化,发挥市场在减排中的决定性作用,使碳减排发生在边际成本最低的主体,以较低代价实现排放控制目标。

目前,碳交易已经在欧盟、美国、韩国、新西兰等诸多国家和地区得以实践。中国尽管早在 2013 年就开始建设地方试点碳市场,但是中国碳市场距离一个高质量、高效率进行资源配置的市场还有一定的路要走。

随着绿色金融、绿色贷款、气候投融资等系列金融产品的推出,我们发现,是否能实现低碳发展已经悄悄地成了影响企业能否获得融资的重要因素。

建成高质量的碳市场既是中国兑现国家自主贡献的承诺和应对气候变化的重要手段,也是倒逼企业进行节能减排、带动低碳产业及相关技术发展、助力产业结构升级、打造绿色竞争力、加快经济增长方式转变的重要手段。应对气候变化"不是别人要我们做,而是我们自己要做",积极应对气候变化既符合国家的利益,也与产业、企业的核心利益息息相关。

高质量、深层次地推进碳交易,就是要充分发挥市场在资源配置中的决定性作用,倒逼各方主体形成战略主动,将"有形的手"和"无形的手"充分结合。我们可以预见,在未来,低碳技术、资金以及人才等生产要素或许都会受碳交易这一市场指挥棒引导。

《一本书读懂碳交易》从我们为什么要进行碳中和、碳交易讲起,对国际碳市场进行了介绍,梳理了中国碳市场的发展历程,总结了当下碳市场的特征、挑战,展望了碳市场未来的发展,对现实的工作和生活有一定指导意义。希望通过本书,大家能更多地了解碳交易,理解其对于我们的社会、企业可持续发展的深远影响。

上海交通大学环境科学与工程学院院长、

教育部长江学者特聘教授

如果说碳中和代表一个新时代的开始，那么碳交易就注定是这个时代的生态中枢。

我们正在步入碳中和时代，碳约束使得碳排放权因为其稀缺性而具有了财产属性。碳市场的出现，使得碳排放权具备流动的可能性。在此背景下，碳成了一种可以变现的流动资产。碳资产正在成为继现金资产、实物资产和无形资产后企业的又一新型资产类型。

每一个经济体、地区的发展都需要与世界发展趋势和时代大潮结合在一起，每一个企业、个人的发展方向和战略选择，都需要被放在时代发展的大背景下考虑。对企业而言，对碳资产管理得当，可以减少企业成本、提高可持续发展竞争力，甚至带来额外的盈利。相反，管理不当甚至无视碳资产，则可能造成碳资产流失，增加运营成本，降低市场竞争力，影响企业未来的可持续发展。对投资机构和个人来说，碳市场已然成为资本博弈的新领域，碳交易成了一个不能错过的时代机遇。

所谓碳交易，通俗地理解，就是把二氧化碳的排放权当作商品来进行交易，超额排放的要在碳市场上购买配额，有配额盈余的则可以将配额放到市场上去交易。从过去看，碳交易并非一夜之间冒出来的新鲜事物；向未来看，碳交易也必定不是昙花一现。它承袭科斯定理的内涵，通过明晰的产权，将碳排放所造成的社会成本反映到企业生产成本中，并借助市场手段实现资源合理配置，具有很强的经济学原理和市场生命力，以碳交易为牵引的新金融体系必将成为奇袭各行各业的旋风。旋风过后，首先可能会是满地鸡毛，一片狼藉；但最后一定是春风绿草、满目星辰。所以，碳交易意味着冲击、挑战、格式化、机遇与希望。

2021年7月16日，全国碳排放权交易市场已在上海鸣锣开市，但是直至现在仍有不少人在问"煤老板都跑光了，为什么还要大搞特搞炭交易？"这样令人啼笑皆非的问题。

然而，此"碳"非彼"炭"，此"交易"非彼"交易"。不过，这也从侧面反映出了碳交易的复杂性和难理解性：一是碳看不见摸不着，交易标的物让人疑惑；二是碳交易由于没有实物的交割，如何让交易方公平、公开地交易，而不产生抵抗和不公心理，其交易规则设置要比普通市场交易复杂得多；三是碳排放具有超时空性，注定是个全国、全球的统一市场，其顶层架构极其复杂；四是碳排放原来免费，现在要付出成本，其产权如何界定，经济学上的原理是什么，交易规则如何设定，未来该如何走，都是困扰我们设计、建设、参与碳市场的难题。

也正是基于这些原因，笔者决定写下《一本书读懂碳交易》。本书将通过五大章节回答以下问题：

1.我们为什么要提出碳中和，为什么进行碳交易？

2.碳交易的缘起以及目前国际的主流碳市场运行情况如何？

3.中国碳市场的发展历程是怎样的？试点地区运行是什么情况？

4.企业和个人如何参与碳交易？

5.中国碳市场未来怎么走，人民币如何借助全球统一碳市场走出去？

　　未来 40 年,中国经济社会将迎来一场广泛而深刻的系统性变革,所有行业都值得用碳中和的理念重新发展,所有的资源都值得用碳中和的理念重新分配,而碳交易市场就是这样的一个核心枢纽。"碳中和"正在给这个世界带来釜底抽薪式的绿色革命,"碳交易"正在用市场化的方式对各个行业、企业进行优化升级。

　　在碳中和时代里,全球各个国家、各个地区、各个产业,甚至每一个人都会因要实现碳中和产生连接,所有的资源、财富都将通过碳交易这个媒介进行重新分配。高排放国家和地区的资源会流向低碳国家和地区,高碳行业、企业的资源会流向低碳行业、企业,直至这些资源、财富逐渐渗透到个人的工作和生活,几乎所有人都无法置身事外。这也是近些年越来越多的人开始关注碳交易,希望抓住这个未来 40 年的全新财富机遇的原因。

　　碳交易注定是个分水岭,具有"碳比较优势"的国家和地区、行业和企业迎来的将会是无限的机遇,相反,被"碳锁定"的国家和地区、行业和企业则会因为要付出更多相关成本而迎来更大的冲击和挑战。

　　风起于青蘋之末,浪成于微澜之间。碳交易,以碳减排为切入点,背后牵引出的却是能源革命、工业革命与金融革命,是未来大影响、大思潮、大时代的一剂药引。

　　当下,我们可能正在走入一个开天辟地的新历史方位,国际秩序、国内社会经济都迎来了历史性的大变局,每个国家和地区、行业和企业以及个人都迎来了属于这个时代的风云突变。

　　因此,笔者试图以《一本书读懂碳交易》一书以管窥豹,期待本书能为碳中和、碳交易建设贡献绵薄之力。

　　当然,中国的碳市场仍处在快速发展阶段,各方面的理论、观点、意见日新月异,也由于知识、精力所限,难免挂一漏万,纰漏之处还请各位读者海涵。

CONTENTS
目录

第1章　碳交易

第5章　碳市场未来怎么走？

第1章

碳交易

现代的繁荣像是一场石油沸腾后的狂欢，
应对气候变化是狂欢后的冷静。

——笔者

　　碳中和是我们自己决定要做的事情，碳交易也是我们主动而为的政策选择。本章主要回答了为什么要实现碳中和，为什么选择碳交易，碳交易的经济学基础是什么，关于碳定价机制是选碳交易还是选碳税等问题。

1.1 为什么要碳中和?

2020 年 9 月 22 日,习近平在第 75 届联合国大会上宣布,中国将提高国家自主贡献力度,采取更加有力的政策和措施,使二氧化碳排放力争于 2030 年前达到峰值,努力争取 2060 年前实现碳中和。"3060"目标的提出,标志着中国将以 2030 年实现碳达峰、2060 年实现碳中和为节点,用短短 30 年的时间来走完欧美发达国家长达半个多世纪的路程。

中国的工业化是人类史上最大规模的工业化。可以预见的是,中国的碳中和也将注定成为人类史上最大规模的碳中和。但是,一直以来,不少人对碳中和仍然存在误解,综合社会各界的看法,我们可以大体将其分为六类:

一是,被动论,认为中国做出碳达峰、碳中和承诺是受到了来自欧美国家的压力;

二是,陷阱论,认为碳中和是欧美国家造出来的概念,中国做出"3060"目标承诺掉进了欧美国家设置的"发展遏制陷阱";

三是,片面论,认为碳中和只是一个环境问题,大可不必上纲上线;

四是,口号论,认为碳达峰、碳中和看不见摸不着,只是口号而已,下个风口一来,很快就会"改弦更张";

五是,怀疑论,认为中国大力推进碳中和将阻碍经济增长和社会发展,限制企业发展,造成经济停滞,失业率上升,对碳达峰、碳中和持怀疑态度;

六是,偏差论,这类误解包含了各类对碳中和认知的偏差,包括认为只要各个行业换上新能源、人们出行换个电动车，或者多用负碳技术就能轻轻松松解决碳达峰、碳中和的关键问题。

实际上，碳中和远比你想象的复杂得多，内涵也深得多。笔者长期认为，碳中和是当前人类社会对碳减排的需求、对化石能源向新能源转型的渴望、对产业重塑的期待的背景下，牵一发而动全身的"战略性一发"。碳中和带来的不仅是一场由减少碳排引起的能源革命、产业嬗变的深刻变革，更是一场金融体系、经济体系、全球社会政治经济格局的巨变。

站在国际国内视角，笔者认为中国加快碳中和进程主要基于以下六方面原因。

第一，碳中和的主动性。实现碳达峰、碳中和是对中国实际国情的战略性判断。

从碳排放角度来看，实施碳达峰、碳中和已经"事不宜迟"。

联合国政府间气候变化专门委员会（IPCC）警告：如果人为排放的温室气体导致全球升温超过 2℃，将会给地球生态系统造成不可逆的破坏。2015 年 178 个缔约方共同签署的《巴黎协定》，顺利通过了 2℃ 温升控制目标，提出了力争把升温控制到 1.5℃ 的诉求，自此"保 2 争 1.5"深入人心。如果要把温度上升控制在 2℃ 或 1.5℃ 以内，就需要把大气中的二氧化碳浓度分别控制在 500ppm（浓度单位，1ppm ＝ 0.0001％）、430ppm 以内。而近年来，全球温室气体排放依然有增无减，2021 年全球大气中的二氧化碳浓度已经达到了 416ppm，要知道工业革命之前，大气中二氧化碳浓度约为 280ppm。

从实际情况来看，近些年，全球气候问题日益严峻，尤其是 21 世纪以来，各国经济呈现出高速发展的态势，伴随而来的是全球碳排放量的迅猛增长。全球碳预算数据库（GCB）显示，截至 2020 年全球二氧化碳排放总量达到了约 348

亿吨,相较于 1990 年的 227.5 亿吨,涨幅超过了 50%。其中,排名前六经济体的二氧化碳排放总量占全球排放总量份额的近七成,而除中国外的另五大经济体的二氧化碳排放总量占比接近全球排放总量的 40%。换句话说,中国的碳排放接近全球碳排放的 30%。从表 1-1 中我们也可以看到,2020 年,中国二氧化碳排放总量达到 106.68 亿吨。中国是全球最大的排碳经济体,碳排放量超过了美国的 2 倍,欧盟国家的 3 倍。

表 1-1　全球各大经济体二氧化碳排放总量对比表

经济体	二氧化碳排放总量/百万吨		涨幅/%
	1990 年	2020 年	
中国	2485	10668	329
美国	5114	4713	−8
印度	579	2442	322
俄罗斯	2526	1577	−38
日本	1158	1031	−11
欧盟国家(含德国)	4854	2930	−40
德国	1053	644	−39
英国	633	363	−43
总量	16327	23361	43

数据来源:全球碳预算数据库。

显然,如果缺少了中国力量,全球气候治理将是一项难以完成的任务。作为全球第一人口大国、第二大经济体、"世界最大工厂"、第一碳排放大国,中国对于全球气候治理目标的实现具有决定性的影响。中国的碳达峰、碳中和能做到什么程度、能走多深走多远都在一定程度上决定了全球气候治理的成败。作为一个负责任的大国,碳中和是中国从国内国际两个大局,经济社会高质量发展和生态环境高水平保护多个方面进行统筹考虑之后做出的战略性决策。因此,自"9·22"讲话以来,习近平多次在公开场合强调,实现"双碳"目标不是别人让我们做,而是我们自己必须要做。

从能源角度来看,实现碳中和已经"迫在眉睫"。

经济的持续增长必然带来能源消费的刚性增长。但是,根据自然资源部和国家统计局公布的统计数据:2020 年,中国煤炭、石油和天然气的储量分别为 1622.9 亿吨、36.2 亿吨、62665.7 亿立方米;而 2020 年,中国煤炭、石油和天然气的产量分别为 38.4 亿吨、1.9 亿吨、1925.0 亿立方米。中国的煤炭、石油和天然气的储产比(即剩余可采储量与当年产量之比)分别为 42.3 年、19.1 年和 32.6 年。换句话说,在没有新的可探明储量的情况下,中国的煤炭、石油、天然气将分别于 2063 年、2039 年和 2053 年消耗殆尽。若不解决能源可持续发展问题,中国的经济社会发展、企业生产、居民生活或将面临"无能可用"的境地。

也正是基于这个原因,2021 年 10 月 24 日,《中共中央 国务院关于完整准确全面贯彻新发展理念做好碳达峰碳中和工作的意见》提出了 2060 年非化石能源消费比重达到 80% 以上的目标。这个目标,不是要不要做的问题,也不是能不能做好的问题,而是必须做到与必须做好的问题。

当然,一方面,随着科技的进步,我们或将勘探出新的煤、油、气等资源,能源开发利用技术水平的提升也将持续提升全球能源供应能力,从而使预测的化石能源枯竭期被不断推迟。但是另一方面,全球正在掀起一场以碳中和为核心的"能源革命",历史的滚滚车轮正在让传统化石能源走入"石器时代的石头"的境地,持续的能源消费增长对能源的安全、稳定、可持续供给的需求已是迫在眉睫。

从经济、产业能效角度来看,实现碳中和已经"不能再等"。

单位 GDP 和产品能耗在一定程度上反映了一个国家、产业能源利用效率的高低。2019 年,中国单位 GDP 能耗高达 341.9 吨标煤/百万美元,约为全球平均水平的 1.5 倍、英国的 3.5 倍、美国的 2.2 倍、日本的 2.8 倍(表 1-2)。当下,中国单位能源的经济产出效益与世界发达国家相比存在一定差距。

表 1-2 2019 年部分国家和地区单位 GDP 能耗

(单位:吨标煤/百万美元)

地区	单位 GDP 能耗
英国	97.4
意大利	108.6
德国	117.7
法国	122.0
日本	123.6
美国	155.3
中国	341.9
印度	395.9
世界	227.0

数据来源:国际货币基金组织(IMF),平均能源消费量由 2020 年《BP 世界能源统计年鉴》数据计算获得。

中国主要产品能耗水平也普遍高于国际先进水平。2019 年,钢可比能耗为 605 千克标准煤/吨,水泥综合能耗为 131 千克标准煤/吨,乙烯综合能耗为

800 千克标准煤/吨,分别高出国际先进水平 29 千克标准煤/吨、34 千克标准煤/吨、171 千克标准煤/吨;电石电耗 3141 千瓦时/吨,高出国际先进水平 141 千瓦时/吨;合成氨综合能耗 1418 千克标准煤/吨,高出国际先进水平 428 千克标准煤/吨。[①]

从环境资源角度来看,中国是资源大国,作为全球第一人口大国、第二大经济体、"世界最大工厂"、第一碳排放大国,在产业结构偏重、能源结构偏煤的现状下,以碳达峰、碳中和为牵引,形成倒逼机制的需求比任何时候都迫切。

当下,中国正处在发展方式转型、经济结构优化、新旧动能转换的攻关时期,能源消费和二氧化碳排放也进入了一个低增速、低增量的转变阶段。不少学者将其视为中国改革开放后第二次经济转型期,而这也是实现经济增长和碳排放脱钩、推动经济真正向高质量发展转型的关键节点。因此,碳达峰、碳中和是一个重大的政治决断。我们必须要拿出气候雄心,主动担当作为、执难奋进,开辟出一条超常规的碳达峰路径。

第二,碳中和的战略性。碳中和是引领全球能源、产业变革潮流,是民族复兴的"千钧之重"的关键"棋"。

从历史经验来看,从柴薪、煤炭到石油,再到新能源,每一次能源革命都意味着世界秩序的新变化。英国凭借丰富的煤矿资源和蒸汽机等机械成为第一次工业革命的发源地。第二次工业革命中,美国通过对石油和天然气的开发和利用塑造了"美国世纪"。而以新能源为牵引的碳中和正在迎来第三次能源革命与工业革命。错过了第一次能源革命与工业革命,中国沦为半封建半殖民地社会;抓住了第二次能源革命和工业革命的尾巴,中国成为"世界工厂"、世界第

---

① 数据来源:王庆一,《2020 能源数据》。

二大经济体。能否抓住第三次能源革命与第三次工业革命成了民族复兴的关键。

第三次工业革命将会是比前两次维度更高、更复杂的复式革命,这个革命将由三部分构成:第一部分是原动机层面,会产生电动力革命,在汽车领域这场革命的号角已经吹响;第二部分是能源层面,也就是新能源革命,全球零碳竞赛背景下,这场战斗也已经打响;第三部分,是本次工业革命独有的,也就是人工智能革命。5G、人工智能、物联网、区块链等日新月异的科技将会把人工智能革命推向高潮,造就一个连接动力系统、能源系统与决策系统的神经中枢。

从中国梦来看,笔者认为要实现中华民族伟大复兴的前提条件是和平统一与和平崛起,而要实现和平统一与和平崛起,就不能有太明显的短板,更不能有能被对手掐在手里的致命缺陷。能源带来的脆弱性,将会成为中国在和平统一与和平崛起时面临的严重挑战。

2022年年初俄乌发生冲突之时,中国东南部的动态也吸引了全球的目光。自诩为"世界警察"的美国一直打着维护世界和平稳定的幌子横加干涉各国的内政事务。设想一下,假如中国的统一大业进展顺利,美国未必会亲自下场直接干涉,但大概率会借此机会对中国进行经济与能源封锁。西方国家对俄制裁正在升级,它对全球经济产生的影响及其恶果历历在目。

当然,中国的全球化融入程度远非俄罗斯所能比拟。但是要知道,2020年,中国73.6%的石油依赖进口,这些石油大部分来自中东地区的伊朗等主要产油国。进口石油中,90%需要依靠海运,80%要经过马六甲海峡,45%经过霍尔木兹海峡。美联社、俄罗斯卫星通讯社2021年5月31日报道,美国司法文书显示,2021年2月,美国在阿联酋海岸扣押了一艘伊朗油轮,其载运的大约

200 万桶石油被美国卖掉,美国获利 1.1 亿美元(约合 7 亿元)。这次"土匪式的打劫"看似与中国无关,但它反映出一个残酷的现实,即美国牢牢掌控着霍尔木兹海峡,即便是地区大国伊朗也无法撼动其地位。中国石油进口的海运路线单一,抗风险能力差,安全系数极低。

当下,碳中和背景下的能源替代进程将成为 21 世纪重塑地缘政治的重要因素。新能源注定是一场新的世界角逐。历史的经验表明,能否抓住能源革命在很大程度上决定了国运的兴衰。能源过渡会引起国际社会地位的变动,国家和地区的权力和影响力都将受到影响。在当下正在轰轰烈烈开启的第三次能源革命中,中国在光伏、风电、特高压、设备制造等层面基本具备了引领世界的优势。

目前,中国正前所未有地靠近世界舞台的中心,中华民族的伟大复兴势不可挡。我们更应当以责无旁贷的担当、舍我其谁的决心,带头推动能源变革,引领世界潮流。当下的新能源革命与其说是一场能源革命,不如说是一场科技革命,已经成为促进产业化发展,抢占全球能源技术制高点,改变中国在以往能源革命中的被动局面的关键"棋"。

第三,碳中和的历史性。碳中和是实现新能源与化石能源地位的历史更替,是顺应时代发展大潮的必然趋势。

欧佩克主要创始人谢赫·艾哈迈德·扎希·亚马尼有一句著名的总结:"石器时代结束了,不是因为缺少石头;石油时代就要结束了,但不是因为缺乏石油。"

在未来的一段时间内,随着石油需求见顶,由石油带来的经济波动,将会给原本动荡不安的产油地区带来更激烈的政治动荡。曾经支撑起工业化生产、生活方式的石油和其他化石能源正日益枯竭,以化石燃料为驱动的技术已陈旧落后,以化石燃料为基础的产业结构也运转乏力,依托化石能源发展起来的资源型地区和城市早已深陷瓶颈之中。

越来越多的迹象表明,化石燃料驱动的工业革命已经达到了顶峰。工业革命正在迈入其最后的篇章。

全球能源安全观开始变革,各经济体已经不再将自身命运系于单一的石油身上。特别是进入 21 世纪以来,以太阳能、风能、水能等为代表的清洁能源在全球范围内得到空前的重视。新能源从补充能源走向主体能源,化石能源从主体能源走向保障能源的历史性革命正在快速向我们走来。

碳中和从概念到引发能源变革,从引发产业变革到引发社会经济变革,是人类经济社会发展进步的必然,是实现高质量发展的要求,是推动构建人类命运共同体的必然选择。

第四,碳中和的矛盾性。碳中和已然成了全球博弈的焦点,也是我们必须要抢占的"制高点"。

应对气候变化是一个全球性的公共问题,同时也是一个涉及科学、技术、政治、经济等诸多方面极其复杂的系统性问题。但是,近年来,气候治理已经超越了生态保护的技术范畴,在各国之间产生了一系列新的政治、经济和国际法律博弈等问题。

尤其是 2020 年以来,突然来袭的新冠肺炎疫情使得全球经济、贸易和投资等遭遇重挫,美国、欧盟国家、日本以及中国等主要经济体经济增长出现分化。2022 年的俄乌冲突,造成全球局部局势紧张,经济体之间相互制裁加剧,单边主义和保护主义盛行,"去全球化"趋向显现。

近年来,西方国家频繁祭出"碳关税"大旗。2021 年 3 月,欧盟通过了实施欧盟碳边境调节机制(CBAM)的决议。碳边境调节机制俗称"碳关税",指在实施国内碳定价体系的基础上,要求进口或出口的高碳产品缴纳或退还相应的税或碳配额。该决议规定,与欧盟有贸易往来的国家须遵守碳排放相关规定,否则欧盟将对这些国家的进口商品征收碳关税。值得警惕的是,截至 2019 年,中国连续 15 年蝉联欧盟第二大贸易伙伴。近年来中欧双边贸易更是在全球经济下行压力加大的背景下逆势而上,中国在 2020 年首次超越美国成为欧盟第一大贸易伙伴,贸易额为 5860 亿欧元(约为 4 万亿元)。2022 年 4 月,欧盟统计局发布欧中贸易数据:2021 年,欧盟与中国的贸易额显著增长,中国对欧盟出口额为 4720 亿欧元,约为 3.27 万亿元,约占中国出口总额的 15%,占欧盟进口总额约 22%,中国已成欧盟第三大出口市场和最大的进口伙伴。中国出口欧盟的产品主要包括机电产品、纺织品、金属品及化学品,其中机械和车辆占比 56%、其他制成品占比 35%、化学品占比 7%。在欧盟出台了碳边境调节机制以后,拜登政府也立即公布了类似的气候政策——清洁能源计划,这无疑使中国出口贸易受到了双重压力。

2022 年 6 月 22 日,欧盟碳边境调节机制通过。相较于 2021 年 7 月欧盟委员会提出的碳关税方案,此次的法案文本存在几个方面的变化。一是,将碳关税的过渡期调整为 4 年,即 2023—2026 年为过渡期,从 2027 年开始征税。二是,征收碳关税的行业范围进一步扩大,在钢铁、水泥、电力、化肥和铝的基础上增加了化学品、氨和氢,在 2030 年之前,将碳关税征收范围扩展至欧盟碳市场(EU ETS)覆盖的所有行业。三是,在企业直接排放的基础上,将间接排放(外购电力的排放)纳入征税范围。因为企业通过能源使用、工业过程的直接排放往往有限,电力的间接排放通常是大头。四是,加速取消欧盟产业在欧盟碳市场下获得的免费配额,到 2032 年则要完全取消。

目前,中国是全球最大的钢铁、铝、水泥生产国,有研究表明,碳边境调节机制实施之后，额外的碳税成本将分别占上述行业出口额的 17％、20％、17％、31％。摩根士丹利预测，对每吨碳排放量征收 40 美元的碳关税将使中国生产铝的成本增加 20％以上。

印度总理首席经济顾问阿文德·萨勃拉曼尼亚抨击美国和欧盟国家等西方大国搞"绿色帝国主义"，指责欧美出台限制性能源政策，试图给印度等发展中国家强加过多的发展限制。碳边境调节机制的确立无疑会在各国之间引起更多的贸易摩擦，也将使发展中国家能源结构和工业水平的调整受阻，从而影响这些国家发展目标的实现和新冠肺炎疫情后的经济复苏。这种以环境保护为幌子的"排碳限制"的本质是一种对发展权的限制。随着碳边境调节机制的加快推进，阿文德·萨勃拉曼尼亚的担忧正成为现实。

杞人忧天地看，除了当下的碳边境调节机制，挑战还远不止如此，我们应该很清晰地认识到，在强调"美欧日区域化"的美式全球化发展和强调"一带一路"的中式全球化发展博弈之时，尤其是在 2050 年后假如全球未实现碳中和的超级大国仅有中国，指向中国的矛头将越发多、越发锋利。

因此，从这个角度看，实现碳达峰、碳中和目标，实现"3060"目标，是我们给自己设定的一个倒计时，更是一场与自己的赛跑。

第五，碳中和的统一性。碳中和是充满矛盾冲突下的各国之间难得的共同话题与全球利益一致点。

近 200 多年来，煤炭、石油等化石能源在推动人类工业化进程的同时，也向大气中排放了大量的二氧化碳，尤其是二战结束后，全球迎来了经济社会的蓬勃发展，伴随着向工业文明的大步迈进，人类对自然资源的消耗以及对环境的破坏产生的负面效应逐步凸显，环境污染事件频发。人们的环保意识开始觉醒，人类对可持续发展的渴望前所未有。

2021 年 8 月 9 日,联合国政府间气候变化专门委员会发布的第六次评估报告的第一工作组报告提出,大气中的温室气体浓度仍在持续增加,截至 2019 年,二氧化碳的年平均浓度已达到 410ppm,比 1750 年增加了 47.3%。而这 47.3% 的增幅,就是工业时代的账单。"人类的工业活动、能源使用—排放二氧化碳—二氧化碳浓度升高—地表温度上升"的因果关系链也日益被科学证明。

美国国家航空航天局(NASA)在 2020 年 1 月 16 日发布的科学报告指出,过去的 5 年是 140 年来最热的时段,其中,2016 年是史上最热年。世界气象组织(WMO)发布的 2021 年报告显示,2020 年全球平均温度已比 1850—1900 年增加了 1.2℃（±0.1℃）,2011—2020 年也是有记录以来平均气温最高的 10 年。

近百年来,全球海洋表面平均温度上升了 0.80～0.96℃,中国地表气温呈显著上升趋势,上升速率达 1.56±0.20℃/100 年。其中,1993 年至 2019 年,全球海平面上升率为 3.2 毫米/年;1979 至 2019 年,北极海冰范围呈显著减少趋势,以每年 9 月份的海冰范围为例,平均每 10 年减少 12.9%。与上一个冰河时期的气温相比较,如今的气温已经高出 18℃ 以上。科学家们预测,随着海平面的上升和海岸线的消失,未来,印度洋上的马尔代夫群岛、太平洋的马绍尔群岛将会彻底被海水淹没。

2020 年全球气候系统变暖的趋势进一步持续,全球平均温度较工业革命前的水平高出约 1.2℃。联合国政府间气候变化专门委员会发出警告并将 1.5℃ 的气温上升标准确定为一个关键的临界点。如果突破了这个临界点,就会引发系列"急性病"和"慢性病"。"急性病"包括一系列极端气候事件,如热浪、洪水、山火等灾害;"慢性病"影响则更为深远,全球升温导致冰川融化、海平面抬升、海洋生物死亡、海洋和大气循环遭到扰动，这些又进一步影响到了全球的温度和降雨量，甚至还会触发一系列级联反应，进一步加剧气候变化。全球平均温度突破气温上升临界点的可能性正在增加，气候风险正在加剧。

在此背景之下，应对气候变化、防止气候变暖成了人类共同的诉求，任何国家都无法独善其身。对气候变化可能导致灾难性影响的恐惧驱动人类社会开始积极应对。例如，美国 1988 年兴起了对气候变化的关注热潮，欧盟在面对气候变化问题时比美国等其他发达国家要表现得更加脆弱，也体现出了更强的风险厌恶。这些认识为达成气候政治的共识奠定了强大的社会基础。

第六，碳中和的机遇性。碳中和能带来新的经济增长点，或将推动完成改革开放以来的第二次转型。

进入 21 世纪以来，世界政治经济格局新情况、新矛盾层出不穷。自 2008 年国际金融危机爆发以来，全球经济一直在崎岖的路上负重前行。2020 年年初突发的新冠肺炎疫情更是让全球按下"暂停键"，令原本衰退的世界经济雪上加霜。如此形势，叠加"百年变局"和全球"零碳竞赛"的开启，全球的产业链、价值链和供应链正在迎来历史性的重塑。世界结构性矛盾的长期积累，新冠肺炎疫情的冲击与"双碳"目标的叠加，使得各国经济发展失去了准星。

世界形势发生深刻变化，全球经济在曲折中深入发展。为了寻求新的经济增长极，全球各个国家和地区将焦点集中于经济复苏。多国陆续提出了碳中和目标，并且已有众多国家将"绿色"融入新冠肺炎疫情后的经济复苏计划中，纷纷出台"绿色复苏"方案。截至 2021 年 3 月，全球已有 127 个国家和地区做出了碳中和承诺。[①] 碳中和与"绿色复苏"已成为全球趋势。

碳中和问题的实质是要实现二氧化碳排放的再平衡,其本质要求是要实现能源的转型与产业的绿色升级。当下,全球经济持续低迷,新冠肺炎疫情一次次接近尾声又一次次杀出"回马枪"。"绿色复苏"成为全球新冠肺炎疫情后重振经济的主旋律。全球各国关于"绿色刺激"和"绿色复苏"的呼声越来越高,已有众多国家和地区提出了"绿色刺激"方案。

从国内来看,碳中和的实现,有助于推进中国的能源与产业转型,有利于促进中国清洁能源产业链的优化升级,助推地区层面能源供给侧的系统性革新。尤其在碳中和驱动下,新能源、能源互联网、新能源基础设施与市政网络等市场和应用场景都会随之而来。比如,碳中和背景下的新能源车,将加快新能源、人工智能、5G、大数据、物联网、云计算、新材料、高精度卫星导航等一大批颠覆性新技术的成熟和商业化应用,并带动地区经济发展;分布式的风能、光伏、生物质能还可以帮助缺乏基础电网设施的偏远地区人口获得清洁电力,保障能源的可获性。基于此,大力发展新能源产业被视为后疫情时代应对气候危机、经济危机、能源危机等问题的核心解决方案。

当下,世界正在进入一个以气候问题为核心的新全球化时代。越来越多的国家通过参与碳中和等气候行动积极推进全球气候治理行动,绿色发展已经成为全球共识,可持续低碳经济已然成为全球经济发展的主基调。

---

① 《人民日报》,2021 年 3 月 24 日 18 版。

1.2　为什么是碳交易？

如果说碳达峰、碳中和目标是我们未来近 10 年、40 年一个确定性的战略决策的话，那么碳排放权交易可能是已经来临的"小确幸"。

那么何谓碳交易？其全称是碳排放权交易，它是指我们先设定一个总的碳排放量，然后给排放主体限定一定的碳排放配额，这个配额就是它的排放权，当排放主体出现碳配额盈亏时，允许排放主体去市场上自由交易各自的配额（图 1-1）。

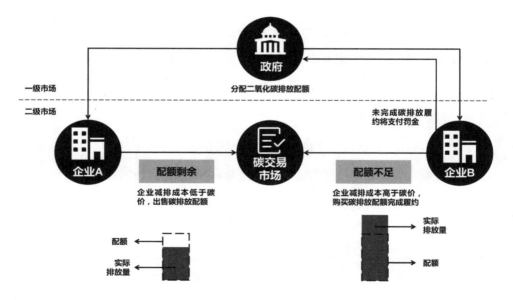

图 1-1　碳交易运行简图

也许,你可能认可其到来的"确定性",但是未必认为这是"幸福"的。因为碳中和、碳交易带来的是减排成本的增加和碳排放的约束。但是,从个人的福祉、企业的持续经营、经济的可持续发展、人类永续发展的角度看,应对气候变化,碳中和与碳交易都是人类文明从工业化道路上的"自然回归",是一种对资源、环境过度消耗后的纠偏和反省。从这个角度看,碳交易制度的设定无疑能够保障个人、企业、社会的可持续发展,是普惠全球的。

可持续发展的本质,是人类社会基于现有对地球及自然规律的认知,自发地通过自律、经济、法律、道义倡导等形式,将此前生产生活活动中对生存环境和资源造成的负面"外部性"逐步"内部化"的过程。从碳交易的角度来理解,也就是发放给各主体有一定"限制"的"碳排放权",这也是碳交易思考的根本性问题。

自工业革命以来的百余年时间里,工业的发展和人类活动规模的空前增大与强度的空前提升,使得大气环境中的二氧化碳含量大幅度增加,全球平均气温显著上升。对地球气候系统稳定性的破坏,引发了干旱、洪涝、热浪、厄尔尼诺现象等一系列灾难性后果。这些灾难频繁地侵损着人类的生命财产安全,并已经在一定程度上打乱了经济社会原有的发展步调。

人类文明向未来进发的道路随着全球气温的持续升高变得"烫脚"了起来,人类对气候变化问题的重视程度也日益提高,气候治理在国际政治议题中的地位被不断提升,许多国家先后"穿上"了"应对气候变化"这双"跑鞋",以期能够加快速度跑过这程滚烫而难熬的路。

"光脚"惯了的各大经济体在"穿鞋"后的优劣势也会产生不同程度的变化,几乎所有国家和地区发展和竞争的赛道都在不断更新。所以,以国家为主体的各经济体不仅要在推进气候治理的发展进程中走得快,还要在碳中和背景下的新赛道中不落于人后，甚至实现超越！所以，从这个层面来说，碳中和问题远不是穿鞋这么简单，而是换赛道的问题。

因此，要想在绿色低碳转型的发展道路上走得稳妥，并实现超越，功夫还得下在"如何实现碳中和"上。也就是说，我们已经知道要进行绿色低碳转型和实现碳中和，而且这也是基于未来发展的必然选择，但关键问题在于，用哪些手段才能在追求更高质量、更高发展水平的同时较高效地完成气候治理目标呢？

这时候，世界各经济体不约而同地将目光投向了"碳交易"。

但是开展碳交易的挑战远比你想象的多得多。最大的挑战就是碳排放的"三性"问题：外部性、超时空性、全面性。外部性，是指经济活动的收益由碳排放主体享有，而产生的危害则由社会来承担。比如，钢铁厂通过生产活动为自身带来盈利，但排放的二氧化碳、造成的环境污染则由整个社会来承担。超时空性指的是，二氧化碳往往能跨越时空障碍。例如，你开着一辆车跑遍北京、华盛顿、伦敦、巴黎，时间不同、空间不同，但是产生的碳排放对全球环境总体的影响几乎是一样的。全面性，指的是碳排放几乎涉及所有国家、行业、企业和个人的方方面面，涉及产品的全生命周期，业内经常用"从井到轮"和"从摇篮到坟墓"来形容。因此，碳中和问题动辄需要全球国际谈判、超国家主体、国家、行业等来主导引领。

图 1-2 展示了全球碳市场发展的主要节点。在国际气候谈判初期，联合国在 1992 年 5 月通过的《联合国气候变化框架公约》是世界上第一部为全面控制温室气体排放、应对气候变化的具有法律约束力的国际公约，也是国际社会在应对全球气候变化问题上进行国际合作的基本框架。在《联合国气候变化框架公约》以及其框架下的后续一系列气候大会所达成的约定中，世界各国一直在不间断地为如何细化和落实减排目标而探索灵活高效的温室气体减排模式并展开谈判。在减缓气候变化的市场、行政、技术和法律等众多手段中，"市场化

机制"凭借其在解决环境问题方面的特有优势和高效率脱颖而出。

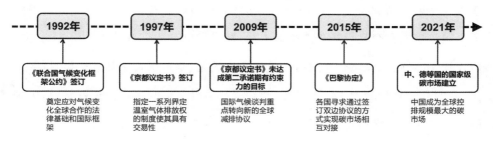

图 1-2　全球碳市场发展的重要节点

在随后的 1997 年,于日本京都通过的《京都议定书》首次将市场机制作为解决温室气体减排问题的新路径引入国际合作减排。在《京都议定书》中,国际社会第一次对温室气体的排放量进行了法律约束并设定了强制的量化减排目标。[①] 政治家们认为规定包括二氧化碳在内的温室气体排放权的限制,将导致温室气体排放配额和减排量信用额度开始稀缺并成为一种有价商品,这种具备稀缺属性的温室气体排放配额、减排信用额度开始被称为"碳资产"。

而《京都议定书》规定了发达国家与发展中国家承担"共同但有区别的责任"原则,这就意味着碳资产在世界各国的分布不同。此外,在以二氧化碳为主的温室气体亟待治理的前提下,能源利用效率高、能源结构优化以及采用了大量新能源技术的发达国家进一步减排的难度相对较大,而能源效率低、减排空间较大的发展中国家的减排难度较低,所以不同的国家完成同样的减排量目标需要耗费的成本也是不同的。在种种因素影响下,碳排放权这种逐渐稀缺的资产在不同的减排主体之间出现了流动的可能。

截至 2021 年,全球共有 24 个运行中的碳市场,另外有 8 个碳市场(包括哥

---

① 在第一承诺期(2008—2012 年),温室气体排放量要在 1990 年基础上平均减少 5.2%。

伦比亚碳市场和美国东北部的交通和气候倡议计划)正在计划落地,预计将在未来几年内启动运行。当然,其中也包括了中国的。2021 年 7 月 16 日,中国的全国碳排放权交易市场正式敲锣上线,纳入发电行业重点排放单位 2162 家,覆盖约 45 亿吨二氧化碳排放量。值得注意的是,全球碳预算数据库显示,2020 年,美国碳排放总量为 47.13 亿吨,欧盟碳排放量 29.30 亿吨。也就是说,中国的全国碳排放权交易市场一经上线就成为全球规模最大的碳市场。

纵观碳排放权交易机制数十年的发展史,种种理论和实证研究都表明了,碳交易机制是最具成本效益的减排工具,特别是在全球实现碳中和的短期和中期阶段,碳交易将带来更多的减排机会,是国际上许多国家进行低碳转型的常用政策工具和重要动力之一,其优势主要体现在以下几个方面。

第一,能实现社会减排成本的总体降低和配额资源的最优配置。

如果没有碳市场,在国家碳减排政策的约束下,企业往往只能通过缩减产能或是加大绿色节能技术改进力度等手段来实现减排,而这需要投入额外的研发成本。碳交易的出现则使得企业可以在市场上通过购买排放配额来履行减排义务。市场机制赋予企业最大的自主性,允许其根据自身减排成本和配额价格水平调整减排策略,企业之间自发用较低的成本实现配额资源的最优分配,从而大幅减少全社会的减排总成本。

我们可以举一个简单的例子来直观感受一下,碳减排成本这笔账是如何在碳交易体系下变"少"的。假设一家钢铁厂和一家水泥厂每年都要排放 100 万吨二氧化碳当量的温室气体,但是国家有下降任务的要求,即全社会碳排放总量下降到上一年的 90%,相应地,随着任务分解,这两家企业得到的配额均为90 万吨二氧化碳当量。两家企业各自都要完成 10 万吨二氧化碳当量的减排量,总共要减排 20 万吨二氧化碳当量。其中,钢铁厂的减排成本为 400 元/吨二氧化碳当量,达成这一年的减排目标需要 4000 万元的减排成本;水泥厂的减排成本为 200 元/吨二氧化碳当量,同一年的减排成本为 2000 万元。在不进行碳交易的情况下,两家要实现减排目标会产生共计 6000 万元的减排成本,这不是一个小数目。

如果允许交易碳排放权,减排成本会发生什么变化呢? 钢铁厂会觉得 400 元/吨二氧化碳当量的减排成本太高了,不如按 250 元/吨二氧化碳当量的价格来买水泥厂的配额,从而实现减排目标,这样钢铁厂就可以少花点钱。水泥厂老板就会考虑考虑,觉得反正减 100 万吨二氧化碳当量是减,减 200 万吨二氧化碳当量也是减,按 250 元/吨二氧化碳当量的价格替钢铁厂完成减排还有额外收入。在碳交易的制度安排下,两家就这么一拍即合,钢铁厂只管掏钱,水泥厂只管减排,这样一年下来钢铁厂在减排上要花 2500 万元,水泥厂则在产生 4000 万元减排成本的同时,又从钢铁厂收了 2500 万元。一个履约周期内,两家企业的为减排付出的成本总计为 4000 万元,比之前两家企业完成各自减排量所需要的成本降低了 2000 万元,足足少了 1/3!

这只是理想情况,而现实远比这个复杂得多。如果还有一家造纸厂,它的减排成本更低,仅为 100 元/吨,那么钢铁厂和水泥厂都会向造纸厂来购买配额。假设造纸厂的总排放量也是 100 万吨,其目标也是减排 10 万吨,那么它可能就有动力减排 30 万吨,完成钢铁厂和水泥厂的减排任务。假设钢铁厂和水泥厂都以 150 元/吨来购买。这时候,总共的减排成本＝钢铁厂 1500 万元＋水泥厂 1500 万元＋造纸厂 1000 万元,共计 4000 万元,这时候比 3 家各自减排 10 万吨,足足降低了 3/7!

由此,我们也就不难理解将所有企业都纳入碳交易市场后,会产生两个自然而然的结果:一是社会治理气候问题的总成本将会随之降低;二是资源逐渐由减排成本高的行业流向了减排成本低的行业，这也就通过市场化的手段完成了资源的调配，最终完成产业结构的升级调整。美国经济学家保罗·萨缪尔森（Paul Samuelson）说："文明的典型标志就是通过一系列规则驱动宝贵的有限资源逐渐流向好人手中。"而碳交易就是工业发展、应对气候变化工作过程中逐渐沉淀下来的"文明"。

第二，驱动经济转型和可持续发展。

碳交易市场设计有两个基本目标：一是将碳排放量限制在一定数量以内，二是为低碳技术的长期投资提供强有力的价格激励。政府只需要明确一定发展阶段内的碳排放配额总量，以此保障碳交易实施所能达成的特定环境目标，具体的减排模式可以随碳交易机制的调整而灵活改变，控排企业也将受市场机制刺激而更具主动性，从而大幅提高全社会的碳减排效率。对全球的多数司法管辖区来说，将利润与低碳投资和创新相结合，对碳排放权进行定价能够引导私营资本流入，促进减排知识在企业内的传播，挖掘企业家在开发低碳产品方面的创造力，进而推动降低排放强度的进程。

还是以钢铁厂、水泥厂和造纸厂为例，我们可以对以上三家企业进行碳交易的后续展开想象——水泥厂、造纸厂发现自己有减排的成本优势，就会有意识地在碳市场上开展卖配额的新业务以拓展新的赢利途径，并通过研发应用绿色节能技术、优化能源结构等方式来不断降低减排成本以追求更高收益。随着其他情况类似的企业开始出售碳配额，日益严峻的竞争和所获取的收益又会反过来继续激励其开发更先进的绿色技术，使用更高效的清洁能源……具备减排成本优势的水泥厂、造纸厂将周而复始地被激励着提高减排效率和降低减排成本；同时钢铁厂也会因为找到减排成本相对更低的途径，而更有意愿去履行减排义务。以此类推,整个社会的减排主动性都将有所提升,这也将有效提高经济社会的总体减排效率。

第三,政策实施阻力较小。

要知道,碳排放之前是免费的,现在突然要收费,对企业来说自然有点难以接受。但是,合理的碳交易制度和稳定的碳价预期为企业投资碳减排技术和实现低碳转型提供了赢利预期,政策实施的阻力就会小很多。在上述案例里减排成本不同的钢铁厂、水泥厂和造纸厂中,水泥厂和造纸厂相对就能接受。但是,这三种减排成本完全有可能发生在同一个行业。比如,钢铁行业有两个厂家减排成本跟水泥厂、造纸厂相同,甚至有可能还有更低的,所以钢铁行业内也容易接受碳交易这个方案。

因此,控排企业在可预期获利的情形下进行减排,其对减排政策实施和推行的抵触感也将被有效化解。从长期发展的角度来看,碳市场的启动及碳减排的压力有助于推动企业促进清洁低碳技术的引进和研发,通过创新驱动以达到规制要求并从中获利。

对于全球最大的发展中国家来说,碳交易的实施为减排主体带来了多种灵活减排模式,更有利于以发展为第一要务的发展中国家在经济、社会和环境目标之间实现平衡发展。明智的政策设计还可以在缓解经济担忧的同时,最大化经济机遇,催生出更适合发展中国家实现深度脱碳承诺的有力工具。

第四,为实现碳中和提供投融资支持。

"碳达峰"和"碳中和"已被写入《中华人民共和国国民经济和社会发展第十四个五年规划和 2035 年远景目标纲要》中,这也就意味着我们要在 2060 年这一碳中和时间点前,完成一场涉及所有行业的产业大变革。而要实现碳中和愿景,我们要面对的不仅有政治难点和技术难点,还有巨大的投资难点。从碳中和所需资金的金额体量来看,单靠国家财政或政府资金来完成投资无异于杯水车薪。

根据清华大学、中金公司以及国家气候战略中心的测算结果,到 2060 年,中国实现碳中和需要大概 140 万亿元的投资,相当于每年3.5万亿元,约占年 GDP 的 2%。然而,相关研究机构的预测结果显示,政府提供的资金大约只能占到碳中和所需全部资金的10%。实现碳中和我们存在巨额的投资需求,在政府资金有限的情况下,我们必须以市场化的方式,引导碳交易提供碳中和所需要的投融资支持。无疑,碳市场中通过拍卖发放的配额可以增加政府收入,比如,截至 2019 年年底,全球碳交易体系配额拍卖累计收入超过 780 亿美元。①

第五,能够与国际碳交易体系接轨,抢抓全球范围统一的碳交易市场"空档期"。

前面笔者提到过碳排放的外部性、超时空性、全面性,正是由于这"三性",所以碳交易市场一经推出就必然是个"多触角生态市场"。因为某一局部地区产生了减排,而其他地方不减排不会起到气候治理的作用。所以碳市场天然地要求"全国一盘棋""全球一盘棋",否则其效果就会大打折扣。

在温室气体全球治理的大背景下,世界各国必定会不断完善碳交易体系。目前,全球范围内还未形成统一的碳交易市场。2021 年格拉斯哥联合国气候变化大会后,全新的国际碳减排交易机制逐渐形成。中国是全球最大的碳排放主体,因此在站位上要更高,要抢抓全球范围统一的碳交易市场的"空档期",积

---

① 数据来源:德国国际合作机构(GIZ)、国际碳行动伙伴组织(ICAP)、世界银行,《碳排放权交易实践手册:设计与实施》。

极展开与各类国际组织的合作。推动国内形成健全完善的碳交易市场，有助于加快同其他碳交易体系或碳抵销机制接轨的步伐，在实现国家间边际成本均等化的同时，大幅提升未来关于碳排放定价权的竞争力和国际影响力。

总的来说，碳排放权交易将全球气候治理过程中的科学问题、技术问题、政治问题以及可持续发展的经济问题巧妙地紧密结合了起来，是当前市场经济框架下解决全球变暖问题的最有效方式。无论是对仍要以发展为第一要务的发展中国家，还是对仍想在国际发展中排在前列的发达国家和地区来说，碳交易机制出现的意义更像是将实现碳中和从"一双厚重的鞋子"改进成了"一双灵便且舒适的跑鞋"，使得国家和企业在实现低碳转型的道路上走得更轻松，也走得更远。

1.3 碳交易经济学基础

碳交易市场是一个通过控制温室气体排放，实现低碳发展，并最终促进可持续发展的全新市场。作为一种市场机制，其健康、平稳的运行必须要建立在牢靠的经济学基础之上。那么有两个核心问题要解决：一是谁来付费？二是如何定价？

不过，碳排放权交易并不是用市场化机制处理环境问题的首创，排污权交易出现的时间要更早一些。我们可以先从排污权谈起。

1968 年，美国经济学家戴尔斯（J. H. Dales）在《污染、财富和价格》（*Pollution, Property and Prices*）一书中最先提出了排污权交易的构想。戴尔斯认为,污染实质上是政府赋予排污企业的一种产权,政府可以通过对排污权进行定价分配,然后卖给排污企业,而排污企业可以从政府和其他排污权拥有者手中购买排污权。在这种交易机制下,产权具备了市场可转让性,这也就意味着资源使用效率将被极大程度地提高。戴尔斯的理论在后来美国、德国、英国和澳大利亚等多国的环境污染治理行动中得到了实践。

20 世纪 70 年代,二氧化硫污染的加重和酸雨的持续危害使得美国在发展经济与解决环保问题之间出现了矛盾,美国国家环境保护局(EPA)在实现《清洁空气法》所规定的空气质量目标时提出了引入排污权交易的设想。此后,英国和德国等国家也相继引入了排污权交易。20 世纪 80 年代末,中国也开始探索开发以市场为基础的环境监管工具。1987 年,上海闵行区企业实施的水污染排放指标的排污权交易是中国最早的排污权交易。在这之后不久的 1990 年,率先开始排污权交易的美国在《清洁空气法》修正案中通过了第一个限制发电厂二氧化硫排放绝对总量的交易计划。世界多地排污权交易体系的不断发展完善,为《京都议定书》通过之后碳排放权交易机制的形成提供了极具参考价值的蓝本。

以溯流穷源的角度——也就是从经济学理论的角度来分析,碳排放权交易和排污权交易称得上是同源共流的两种环境治理机制,也更方便我们加深对碳排放权交易市场运行机制和风险管控的认识。

碳交易机制的经济学理论基础源于外部性理论。"外部性"是微观经济学市场失灵的代表性理论,这一概念最早出现在英国新古典学派代表经济学家马歇尔(Alfred Marshall)于 1890 年出版的《经济学原理》中。但无论是马歇尔在《经济学原理》还是其弟子庇古(Artuer Cecil Pigou)在《福利经济学》(1920)一书中对"外部性""内部性""外部经济"(正外部性)和"外部不经济"(负外部性)等概念做出的定义解释,被直接用来对环境问题进行分析还是太过晦涩了些。

目前对外部性的界定有两个:一个是萨缪尔森和诺德豪斯(William Nordhaus)从外部性的产生主体角度进行的界定,即生产或消费对其他团体强征了不可补偿的成本或获得了无须补偿的收益的情形;二是兰德尔从外部性的接受主体进行的界定,即当一个行为的某些效益或成本不在决策者的考虑范围内的时候所产生的一些低效率现象。通俗地理解,就是一个经济体的经济行为对社会上其他经济体产生了影响,却并没有为此而承担后果。

根据这个影响的好坏,外部性可以被分为正外部性和负外部性。正外部性是指该经济主体的经济行为使全社会获得的全部收益超过其自身从这一经济行为中取得的收益,也就是"社会收益>私人收益"。简单举个例子来说,比如"中国杂交水稻之父"袁隆平院士通过科研所获得的金钱和荣誉,相比其为人类社会带来的进步是微不足道的,这就是正外部性。负外部性则是指该经济主体在实施经济活动时所付出的成本小于全社会为该活动付出的成本,也就是"社会成本>私人成本"。比如一群牧民在一片公共草地上放牧,一开始大家都只放 1 只羊,假如牧民老三想要攒钱结婚,于是他开始增加羊的数量,那他的个人收益会增加,而一些成本则由全体牧民共同承担。受个人收益增长的激励,所有牧民都在不断增加羊的数量,最终公共草地将因无法承载过多的羊群而退化,到最后所有牧民都将因无法养羊而破产。这个例子就是著名的"公地悲剧",也是如今被用来形容全球气候问题最经典的寓言故事。

全球气候变暖是因为温室气体的过量排放和累积,而大气资源作为全球最多、最复杂的公共资源之一,没有明确的产权主体。"冤有头,债有主",国际社会在达成《京都议定书》之前的多次联合国气候大会中并没有将减排责任明确地落实到排放主体身上,气候变化在这一阶段作为一个典型的全球性负外部性问题,治理进程一直不能被高效地推进。因为公共物品具有排他性和非竞争性的特征,市场这只"看不见的手"也时常失灵。

为此,国际社会付出了近半个世纪的努力,最后终于在 1992 年达成的《联合国气候变化框架公约》和 1997 年达成的《京都议定书》两大具有划时代意义的重要国际公约的倡导下,推动了碳排放权交易市场的诞生。碳交易机制的形成使得各国政府开始充当大气层产权主体的角色,根据"谁排放谁治理"的原则将"收拾气候变化这个烂摊子"的责任内部化到排放源身上,由排放主体来承担碳排放的治理成本。

通过外部性理论明确了产权主体,确定好了责任,下一步就需要定价了。碳定价机制有两种理论:庇古税理论与科斯定理。

经济学界在解决外部性问题上(即谁来付费)达成的一致主张就是:将外部成本内部化,谁排放谁治理,谁排放谁付费。但就如何将外部成本内部化的定价机制,却形成了两种不同的经济学理论,分别是强调以税收为主的庇古税理论和强调在产权清晰前提下进行自愿协商最终达成损害责任的科斯定理。

怎么来理解强调以税收为主的庇古税具体指的是什么内容呢? 1920 年,马歇尔的学生庇古在其撰写的《福利经济学》中假设了这样一个案例模型。在铁路沿线分布着很多村庄,火车经过时喷出的火花可能会对周围的树木或农作物造成损害,而这些村庄里的农民并没有获得来自火车公司的相应补偿,火车公司也没有承担应有的代价。对此,庇古提出由政府通过对火车公司征收补偿性税收来解决这个问题,也就是其所建议的"根据污染所造成的危害程度对排污者征税,用税收来弥补排污者产生的私人成本和社会成本之间的差距,使两者相等"。这种税收就被称作"庇古税",也就是环境税的起源。

根据庇古税理论,我们通常会在实践中直接以征税或收费方式解决此类问题,比如环境资源税、环境污染税、排污费等,或采取间接补贴、收取押金和发放排污许可证等形式给污染定价,让污染者对每单位污染行为付费或缴税,以解决环境外部性问题。在应对全球气候变化问题上,庇古税理论的实践形式是常常被用来与碳交易机制进行对比的碳税。

庇古提出的"火车案例"后来一度引起了包括科斯(Ronald H. Coase)、布坎南(James M. Buchanan)、波斯纳(Richard Allen Posner)等一大批的经济学家们的讨论。

1960 年,科斯在《论社会成本问题》一书中对庇古的外部性分析提出了挑战。科斯用一种与庇古方案截然不同的思路来解决外部性问题,他认为环境问题源于产权不明晰和市场失灵,只要明确产权,使经济行为主体开展交易,就可以让自由市场解决外部性问题,而不需要政府干涉。在"火车案例"中,科斯的解决思路是:只要明确农作物的产权,农民就可以和火车公司协商最终达成交易,或是将土地出租给火车公司用于"排污"。在这种情况下,火车公司也会因为想要降低交易成本或是租金成本而改进内燃机技术,通过技术改进来减少火花喷洒而产生的损失成本。

在科斯应对外部性问题的一系列主张中,有一个词频繁地出现:产权。科斯认为,外部性的存在导致了市场失效,而只有将外部成本内部化,才能解决外部性问题,而不管是否存在交易成本,都只有产权明晰后的市场均衡结果才是有效的,能够进而实现资源配置的帕累托最优。[①]

科斯提出的经济学主张被后来的乔治·史提格勒(George Stigler)表述为

---

　① 帕累托最优是指资源分配的理想状态,假定在人群和可分配的资源固定的情况下,从一种分配状态到另一种分配状态的变化中,在没有使任何人境况变坏的前提下,使得至少一个人境况变得更好。

"科斯定理",这个定理在后来被人们视作产权经济学研究的基础。这个定理当然也有其局限性,毕竟在现实经济生活中明确产权时也有可能出现权力的寻租①,从而导致不公平现象的出现。科斯定理虽然偏理想化,但也为后来排污权交易和碳交易市场的形成提供了思路。比如说欧洲在推行碳减排、投资绿色能源、制定碳交易规则、建立碳交易市场方面之所以最积极、步子最大,其中一个重要原因就是要摆脱产缘政治的限制。

"产权"一词本身非常好理解,是财产所有权或财产权利的简称,展开来说就是由所有制实现形式所决定的,受国家法律保护的,反映不同利益主体对某一财产的占有、支配和收益的权利、义务和责任。在 1997 年《京都议定书》对温室气体的排放量进行了法律约束并设定了强制的量化减排目标之后,温室气体排放主体需要获得或是购得许可(配额)才可以排放一定量的包括二氧化碳在内的温室气体,也就是减排主体需要获取定量的气候环境资源使用权。

这种气候环境资源使用权通常被称作碳排放权,并且正在随着减排约束的收紧日益成为一种稀缺性资源,具备了财产属性(表 1-3),成了一种法律赋予部分减排主体使用大气资源的"新产权"。

从经济学上来说,碳交易市场的核心是"外部性的内化",也就是说,它把企业技术改造、绿色金融、社会消费等隐形的减排成本"放在了台面之上",最后用碳价表现出来。在这些环境经济学理论思想的基础上,温室气体经过确权后,也就具备了稀缺性、强制性、商品性、排他性、竞争性、可分割性等市场化特征,碳排放权也就具备了进入交易市场的基本条件。碳交易市场的形成也就具备了土壤。

---

① 寻租:凭借政府准许的特权取得垄断地位并获取垄断收益的行为。

在美国经济学家戴尔斯看来,污染权本质上是政府赋予企业的一种特殊产权,产权市场流通能够提高资源使有效率。同理,碳交易实质上是碳排放权交易,是以配额或排放许可证形式进行交易。在设定碳排放总量目标的前提下,先明确排放权稀缺性,然后政府通过无偿(政府配额)或有偿(市场拍卖)方式分配碳配额,产生一级市场。再然后,在公开、公平和公正的交易平台上实现碳排放权二级市场交易和环境资源商品化,充分发挥市场定价与资源配置功能,从而达到环境治理、经济发展、降低减排成本、提高效率的目的。

表 1-3　碳排放权的五大属性

特性	具体描述
稀缺性	当低碳排放成为全球经济增长的边界约定之时,碳排放权逐渐演化成一种稀缺资源。
强制性	碳交易市场与一般的商品市场不同,交易的配额来自政府的分配,配额价值反映的是政府发放配额的总量和企业的碳排放需求之间的关系,强制性的背后表现了国家产权界定的决心和产权实施过程的法律准备。
排他性	除了某个主体外其他一切个人和团体都在被排斥对象之列,而这种排他性的实质就是碳排放权的主体行为人的对外排斥性和对特定减排额度的垄断性。
商品性	作为一种独立的产权,碳排放权是权利行为主体在可交易市场环境下对其减排额度的交易,将发生所有权的改变。这种可交易性为进行现实交易提供了可能。既然是可交易的,就必定存在价格上的波动,作为商品的表象特征,价格的起伏也必将贯穿碳贸易的始终。而这种可交易性也为不同行为主体间的交易提供了保障,从而保障了所有权属高度的自由性。
可分割性	碳排放权作为减排配额的权利体现,相对于其他可交易的权属也存在数量上的可分割性,对一个减排项目来说,可以同时行使全部减排额度,也可以将减排的额度分别转让给不同的企业。

当然,碳交易的背后也还蕴含着一个"绿色溢价"的概念。所谓"绿色溢价",就是指使用零排放的燃料(或技术)的成本会比现在使用的化石能源(或技术)的成本高。而这个"绿色溢价",就是企业愿意为购买碳排放量支付的金额的上限。通常情况下,减排成本低的企业会率先减排,而成本高者则不愿意减排,这时碳交易市场就用碳价来做"指挥棒",减排不达标的企业去市场上购买碳排放的配额。一旦购买的费用超过了技术改造费用,也就是超出了"绿色溢价"的额度,那么,减排不达标的企业就会倾向于进行绿色转型,通过改进技术来降低碳排放量。

由于碳交易市场具有一定的理论与实践的前沿性、学科的交叉性和综合性,所以要深入理解碳交易市场就要理解碳交易市场的经济学理论基础,这对我们充分认识碳交易市场和应对碳交易市场具有重要意义。

1.4　碳交易还是碳税?

前文笔者提到,碳交易有两个核心问题要解决:谁来付费,如何定价。关于谁来付费,通过外部性理论,学界基本已经达成了共识——"谁排放,谁付费"。但是,关于定价,从两种碳定价理论——庇古税理论与科斯定理,演化出两种常见的手段:一是行政性的指令,碳税;另一个是依靠市场手段,碳交易。

碳税与碳排放权交易统称"基于市场的方法",都属于碳定价机制,都是通过提供一定"碳价"来内化碳排放社会成本的政策减排工具。

因此,二者在许多方面都具有共性,比如,相比其他应对气候变化的行政、法律手段,碳交易和碳税都能够引导经济主体降低温室气体排放量,为控排主体在具体的减排路径上提供了较大的灵活性,更有利于刺激绿色技术创新,能够促进环境、健康、经济和社会协同增效,增加政府的财政收入等。

从制度性质上对碳交易和碳税来进行区分:碳税指的是以减少温室气体排放为目的,对化石燃料(如煤炭、天然气、成品油等)按照其碳含量或碳排放量征收的一种税;碳交易一般是指各国或地区政府在确定碳排放限制总额后将配额分配至各企业,碳排放量超过配额的企业可以同配额有盈余的企业通过"买卖"碳排放配额来满足各自需求。所以,碳税和碳交易虽然都是通过碳定价来实现减排目标的市场化手段,但还是有一些区别的。碳税侧重"定价",即政府拥有设定碳价的权力,温室气体总排放量则由市场来决定;而碳交易则侧重"定量",即政府决定温室气体总排放量的上限,碳价随市场发展而波动。

那么这两种政策手段在实际运用中有什么区别呢? 在实践过程中的利弊情况又是怎样的呢?

第一,理论基础的差异。

全球气候变暖和生态环境恶化问题,从根本上讲属于经济学中的负外部性问题。经济学界在外部性修正方面有两种不同的理论,分别是前文提到的庇古税理论和科斯定理。庇古认为,微观主体的个体成本与社会成本不同,是外部性产生扭曲的根本原因,主张政府通过税收来调整价格,从而引导经济主体的行为,将微观主体的排放水平调整到与社会最优水平一致,达到降低排放量的目的。科斯的观点则是,在权利界定清晰的前提下,通过交易机制和价格作用,个体最优和社会最优的统一仍有可能达成。碳交易机制就是在明确了碳排放配额的前提下,通过市场和价格机制来调整碳排放权在不同经济主体之间的分配。

由此不难看出，碳交易是基于数量控制的机制，从经济学理论的角度来看属于激励机制，就是我们常说的"胡萝卜加大棒"中的"胡萝卜"；而碳税是基于价格控制的机制，从经济学理论的角度来看属于约束机制，也就是那根"大棒"。

第二，实践效果的差异。

最纯粹的碳交易机制确保了对排放总量的硬性限制，也给碳价带来了灵活性。相比之下碳税则设定了价格，保持排放量的灵活性。在理想状态下，也就是在边际减排成本和社会效益确定的状态下，两种手段可以达成同样的预期效果。但由于现实实践中存在信息不对称以及各种交易成本不可避免的问题，两种减排机制的实施成本和实践效果各有优劣（表 1-4）。

一是碳交易的实施过程复杂，成本较高。碳税是通过在原有税收体系中新增税种或税目实施的，明确的税率和简便的征税程序使得碳税的实施过程透明度较高，便于监测和管理。碳交易体系运行的前提条件是碳排放权的明确，产权的明确需要相关制度和机构的完善。此外，数据的可靠性也是有效实施碳交易的重要条件之一，有效监督离不开对各个个体实际排放量的准确掌握。为此，碳交易体系的正常运作离不开有效的监测、报告和核查机制（以下简称MRV 机制），需要设立交易平台、清算制度、金融结算体系以及市场监管体系等配套基础。除此之外，碳交易体系还涉及产业经济、环境、金融、科技等多个领域的大量协调协作。两相对比之下，碳税的实施成本更低，由实施成本带来的推行难度也要相应小一些。

二是碳交易体系下的碳排放权价格波动性较大。由于碳交易市场将碳排放权作为商品，碳价会受各经济体的气候治理政策、经济发展目标、经济发展状况、企业业务、技术创新、能源价格等影响市场环境的力量的干预，存在着较大的不确定性。在流动性不足、易被市场操纵以及配额价格过度波动的情况下,碳交易机制甚至会反过来降低社会减排成本的有效性。而碳税依托于规范的税收体制和完善的法律规定,其税率在一定时期内是确定的,保障了碳价的稳定性。

三是碳交易的市场定价方式更灵活,激励性较强,具有更高的减排效率。在相关政策的配合下,碳交易机制可以为控排企业创造新的赢利机会,碳交易的参与者可以通过技术节能创新等手段来使手中的配额产生盈余,然后将其放在碳市场上出售获利,这极大地刺激了参与者的减排热情。在这种机制下,企业之间得以自发地以较低的成本实现碳排放配额的最优分配,有助于提高资源配置效率,激发市场活力。同时,碳交易市场还能通过吸引多类市场参与者(包括企业、银行、基金等机构)加入,以进一步提升配置效率。而碳税作为一种政府强制性措施,其推动的减排行为都是被动减排,在对控排主体的激励性上要略逊一筹。

四是碳交易机制能够降低社会减排总成本。碳交易在使减排所造成收益保持不变的前提下,使碳减排发生在碳减排成本最低的地方,符合经济效率的原则,这也是碳交易措施的最大优点。相对而言,碳税的实施无非是在现有的税种基础上多加一个税种,对控排企业来说,达成减排目标的方式单一,减排成本无法实现最优分配,社会减排总成本较为固化。值得注意的是,在流动性不足、易被市场操纵以及配额价格过度波动的情况下,碳市场将无法通过有效实现经济主体之间碳资产的最优配置来降低社会减排总成本,如果将碳交易机制运行的实施成本纳入社会减排总成本,那这种情况下碳交易机制的运行甚至还会降低社会减排成本的有效性。

表 1-4　碳交易与碳税优劣势对比

项目	碳交易	碳税
优势	1.具有明确清晰的减排总量目标,减排主体能够保持和特定政策目标(如碳预算)的一致性; 2.减排激励性强; 3.灵敏度更高,可以催生碳金融,引导大量资金参与减排; 4.通过碳交易能够有效降低社会减排总成本。	1.碳价由预先确定的税率决定,为投资决策提供了稳定的价格信号; 2.碳税机制的透明度高,便于监管; 3.碳税的实施依靠现有税收体系,并不需要建立新的用于交易碳配额的相关基础设施,更容易在广泛的行业和部门实施,普适性更高。
劣势	1.在流动性不足、易被市场操纵以及配额价格过度波动的情况下,碳交易机制也会降低社会减排成本的有效性; 2.碳交易的实施更为复杂,管理成本较高,除了基础设施之外,还涉及建立配额交易的二级市场,这对主管机构和受管控实体都提出了额外的能力要求; 3.碳交易机制在纳入部分行业时的难度会更大; 4.碳价由市场决定,会随经济状况自动调节,但也容易随市场发展发生频繁波动。	1.征收碳税实现的碳减排量存在不确定性,很难和整体减排目标始终保持一致; 2.征税并不能从实体之间以及跨部门的交易中获得经济效率收益,并且不能为受管控实体提供短时的价格灵活性。

从实际情况来看,由于碳排放权交易的激励性更强,能够确保碳减排目标的达成,而且可以跨区域和跨时空交易,因此被欧盟国家、美国、澳大利亚、加拿大、新西兰和日本等发达国家所广泛采用。

但是,征收碳税的国家和地区也不少。2021 年 5 月,世界银行发布了 2021 年《碳定价机制发展现状与未来趋势》,报告显示:世界上已经实施的碳定价机制共计 64 种,覆盖全球温室气体总排放量的 21%,其中 35 项是碳税制度,涉及全球 27 个国家。芬兰、挪威、瑞典、丹麦等北欧国家从 20 世纪 90 年代初开始征收碳税。进入 21 世纪后,瑞士、列支敦士登等欧洲国家也陆续开征碳税。而 2010 年以后,冰岛、爱尔兰、乌克兰、日本、法国、墨西哥、西班牙、葡萄牙、智利、哥伦比亚、阿根廷、新加坡、南非等越来越多的国家加入了征收碳税国家的行列。

不过,各国税率水平差距较大,从 1 美元到 140 美元/吨二氧化碳当量不等。其中,欧洲国家税率较高,例如:瑞典、瑞士分别为 137 和 101 美元/吨二氧化碳当量,冰岛、法国等国碳税税率则在 40~73 美元/吨二氧化碳当量。部分美洲和非洲国家碳税的税率较低,如阿根廷、哥伦比亚、墨西哥、南非等国家普遍低于 10 美元/吨二氧化碳当量。在亚洲征收碳税的国家有两个——新加坡和日本,覆盖碳排放范围较广,分别达到了本国的 80% 和 75%,但是其税率较低,分别是 3.7 美元/吨二氧化碳当量和 2.6 美元/吨二氧化碳当量。

碳排放权交易与碳税各有优势,很难得出孰优孰劣的简单结论。选择哪一种机制需要取决于确定边际成本(有利于碳税)和确定环境成果(有利于碳交易)的相对重要性。就两种机制在国内外的多年实践结果来看,我们需要从成本、减排效果、社会效益、可行性等方面进行综合考量,以"胡萝卜加大棒"的方式对碳交易和碳税两种减排政策工具进行搭配使用,让两种机制之间进行互补。一般而言,将规模大且能耗高的大型企业纳入碳排放权交易范围,而对于中小企业和家庭用户,则采用碳税手段实现碳减排,是较为合理的安排。

第2章

碳交易起源

没有掌握底层的运行机制，
是不可能真正理解经济发展的内在规律的。

——安格斯·迪顿（Angus Deaton） 2015年诺贝尔经济学奖获得者

碳交易并不是新鲜的事物，早在20世纪末，碳交易就开始萌芽。本章以《京都议定书》《巴黎协定》的达成时期为节点，梳理了碳交易的前世今生，介绍了国际主流碳市场的发展历程与现状。

2.1 碳交易的前世今生

2.1.1 《京都议定书》时期

通过前文的介绍,有的人可能会认为碳交易也不过如此嘛,也有的人认为,碳资产确权后,直接交给市场不就行了吗? 实际上,碳交易体系是一个极为复杂的制度安排,其发展也经历过长达几十年坎坷之路。

进行碳交易要解决这么几个问题:第一,要有科学层面支撑,要有我们再继续排放二氧化碳就会造成"公地悲剧"的有力证明,能让大多数人都信服、认可,才有交易的公共基础;第二,性质层面的问题,二氧化碳并不是传统上的污染物,我们不能用传统的处理排污权的方式来简单对待;第三,可接受度层面,之前的碳排放是免费的,现在突然要收费,如何让排放主体接受;第四,落地层面,主体排放了二氧化碳,如何量化、监测;第五,即便是以上问题都解决了,又该如何解决全球各区域、各行业主体的公平对待问题。

所以,碳交易不同于传统的商品贸易、股权交易,其背后的历程要曲折得多。尽管发展的道路是迂回的,但是事物发展的总趋势是前进的。这个规律在碳交易的演化历程上体现得淋漓尽致。

应对气候变化是一个全球性的公共问题,同时也是一个极其复杂的系统性问题,涉及科学、技术、政治、经济等诸多方面,而国际合作则是应对气候变化的主要路径。在国际合作中,气候谈判深刻地影响着全球气候治理体系和各国经济、社会发展走向。

《联合国气候变化框架公约》和《京都议定书》的通过将排放权交易从经济学中的一个抽象理论落地为应对气候变化领域的一次重要实践。1997 年 12 月,《联合国气候变化框架公约》第三次缔约方大会在日本京都召开。在此次大会上,149 个国家和地区的代表通过了旨在限制发达国家温室气体排放量以抑制全球变暖的《京都议定书》。《京都议定书》作为《联合国气候变化框架公约》通过后的第一个阶段性执行协议,于 2005 年正式生效,成为人类历史上首次以法规形式限制温室气体排放的协定。

《京都议定书》开始把以二氧化碳为代表的温室气体排放权视为可交易的商品,为了促进各国完成温室气体减排目标,《京都议定书》允许采取以下四种减排方式。

第一,两个发达国家之间可以进行排放额度买卖,即难以完成碳减排任务的国家可以从超额完成碳减排任务的国家购买其未排的额度,即国际排放贸易机制(ET),这就是碳排放权交易的雏形。

第二,以净排放量计算温室气体排放量,即从本国实际排放量中扣除森林所吸收的二氧化碳的数量。

第三,通过采用绿色开发机制,即清洁发展机制(CDM),促使发达国家和发展中国家共同减排温室气体,这一机制安排后来演变成了自愿性碳排放权交易市场(详细介绍见后文)。

第四,可以采用"集团方式",比如,欧盟内部的诸多国家可被视为一个整体,欧盟国家通过采取部分国家削减、部分国家增加的方法,在总体上完成碳减排任务,即联合履约机制(JI)。

《京都议定书》第一次对温室气体的排放量进行了法律意义上的强制性约束,并制定了一系列界定温室气体排放权的制度使其具备可交易性,意在推动国际合作减排的碳排放权交易体系的形成,以促进发达国家完成减排义务和对发展中国家减排进行援助。在《京都议定书》中形成的国际排放贸易机制、清洁发展机制与联合履约机制成了直接的交易手段,对全球碳交易市场产生了深远的影响(表 2-1)。从这个意义上说,《京都议定书》催生了碳市场。

表 2-1 《京都议定书》三种履约机制

碳市场机制类型	交易原理	交易主体	标的类型	交易标的
国际排放贸易机制	总量控制与交易机制	发达国家之间	碳配额	配额排放单位(AAU)
清洁发展机制	基线信用机制	发展中国家与发达国家之间	碳减排信用额度	核证减排量(CER)
联合履约机制	基线信用机制	发达国家之间	碳减排信用额度	减排单位(ERU)

尽管《京都议定书》为碳交易的发展奠定了很好的基础,但实际上,从通过《京都议定书》到签订《巴黎协定》的这一时期里,全球碳交易市场的发展历程还是历经波折。我们可以将这一时期大致分为五个阶段:第一阶段,发展初期阶段(1997—2004 年);第二阶段,快速发展阶段(2005—2008 年);第三阶段,停滞阶段(2009—2011 年);第四阶段,低谷阶段(2012—2014 年);第五阶段,后《巴黎协定》阶段(2015 年至今)。

第一阶段,发展初期(1997—2004 年):在《京都议定书》从通过到生效的这一阶段中,碳排放权交易体系并未因为刚诞生就呈现出蓬勃发展之态。在2005 年之前,全球碳市场的交易额和交易量几乎可以被忽略不计。而这主要是因为以美国为主的部分发达国家对履行减排义务的态度消极。例如，2001 年 3 月，布什政府以"减少温室气体排放将会影响美国经济发展"和"发展中国家也应该承担减排和限排温室气体的义务"为借口宣布拒绝批准《京都议定书》。作为具有巨大影响力的超级大国和第一个运用排放权交易制度来解决环境问题的国家，美国的退出导致《京都议定书》的生效陷入僵局，极大地打击了世界各国初期建立碳排放权交易市场的积极性。

第一阶段，碳交易机制"出师不利"。但是，所幸的是好事多磨。随后，国际社会持续地就美国在全球气候治理上的消极态度对其施压，《京都议定书》的各签署国也不断开展了多方斡旋和谈判，通过推动一系列的宣言、协议和文件，比如 2001 年的《京都议定书—马拉喀什协议文件》、2002 年的《与可持续发展有关的国际法原则的新德里宣言》等，推动《京都议定书》的实施，促进国际碳交易机制的发展。

有意思的是，美国虽说是《京都议定书》生效前影响碳交易发展的最大负面因素之一，却也是最早建立自愿性碳排放权交易市场的国家。比如全球第一个自愿型温室气体减排量交易的先驱组织和市场交易平台就是 2003 年成立的芝加哥气候交易所（CCX），这家交易所还在 2004 年成立了芝加哥气候期货交易所（CCFE），推出了交易环境类衍生品。

第二阶段，快速发展阶段（2005—2008 年）：《京都议定书》正式生效的 2005 年，是全球正式开启碳交易的元年。在这一年，碳交易市场的发展活力初现，全球首个碳排放交易体系——欧盟碳市场正式建立，日本制订了自愿交易计划以帮助其履行《京都议定书》承诺，一些大公司也启动了内部碳定价计划。

在 2005 年到 2009 年哥本哈根气候大会开启的这一阶段中，碳交易体系迅速发展,全球碳排放成交量从 2005 年的 3.3 亿吨增长到 2009 年的 87 亿吨,交易额从 110 亿美元增长到 2009 年的 1437 亿美元,复合增长率达到 161.3%。[①]但是,好景不长,很快碳交易又迎来了一个新的挑战。

第三阶段,停滞阶段(2009—2011 年):2008 年全球金融危机的爆发,使得美、日、欧等发达经济体陷入了经济增长乏力的困境,部分发达国家的工业生产活动几近停止,主要经济体的温室气体排放量大幅下降,客观上降低了对碳配额的需求。需求量的减少和供给量的稳定造成了配额过剩,碳交易市场的发展陷入停滞状态。

同时,由于各经济主体存在严重分歧,《京都议定书》各缔约方在 2009 年的哥本哈根世界气候大会上未能达成第二承诺期有约束力的目标,俄罗斯、日本等国家相继退出《京都议定书》,清洁发展机制、国际排放贸易机制与联合履约机制的市场需求萎缩,交易陷入停滞,国际气候谈判重点逐步转向新的全球减排协议。2009—2012 年,全球碳市场的成交量、交易额基本与 2008年持平。

第四阶段,低谷阶段(2012—2014 年):2012 年《京都议定书》第一承诺期结束后,各缔约方始终无法在《京都议定书》第二承诺期的目标上达成共识,《京都议定书》就此进入停摆阶段。随着全球金融危机持续,欧洲的经济发展状况持续下滑,以欧盟碳市场为主体的全球碳市场低迷不振,各类碳单位价格跌至冰点,2012 年的平均交易价格仅为 7.7 美元,不足 2011 年 18 美元的一半。受全球经济增长乏力、《京都议定书〈多哈修正案〉》迟迟未生效等因素影响,《京都议定书》之下以清洁发展机制为代表的市场机制运转陷入了困境。

---

① 数据来源:未来智库,https://xueqiu.com/9508834377/187863024 。

但是，全球减排的决心并未减弱，国际气候谈判重点逐步转向新的全球减排协议——标志着全球气候治理新共识的《巴黎协定》，这也就是第五阶段，后《巴黎协定》阶段（详见下节）。

2.1.2　后《巴黎协定》时代

2015 年《巴黎协定》达成以后，全球气候治理模式发生了根本性的改变。欧盟倡导的"自上而下"的温室气体减排量强制性分配转变为中美所倡导的"自下而上"的国家自主贡献（INDC）模式。

随着全球各个国家和地区着手落实《巴黎协定》及其自身应对气候变化的目标，日本东京都碳市场、哈萨克斯坦碳市场、加拿大魁北克省碳市场以及中国地方试点碳市场等区域性碳市场不断兴起和发展，并在低碳经济转型中发挥关键作用。在《巴黎协定》通过并生效后，欧盟碳市场重振，各国对气候变化的重视度日益提升，全球碳市场从开始的试探性复苏状态逐渐恢复蓬勃的发展态势。到 2020 年，全球碳市场成交总量突破 130 亿吨，平均交易价格达到 27.3 美元，基本恢复到了经济危机前的交易价格。

《巴黎协定》中的第六条规定确认了国家间自愿减排合作的地位，将设立两类国际合作机制，即 6.2 条所设合作方法（cooperative approaches）和 6.4 条所设集中减排机制，缔约方可通过自愿选择相关机制来实现国家自主贡献碳减排指标的跨境转移，并"允许更高的气候目标……并促进可持续发展和环境完整性"。

在机制定位方面，合作方法为开展多边、双边碳交易合作提供了框架和基本原则，并未限定合作活动的实施方式；集中减排机制则聚焦于项目级碳减排成果转移,与《京都议定书》下的清洁发展机制具有一定的相似性,为减排项目开发、减排量认证和交易等提供了指导与规范。这意味着两个机制对运行监管的需求存在明显差异。集中减排机制出于维持碳减排项目质量等考虑,将在《巴黎协定》缔约方会议(CMA)指导下建立专门的监管机构,保障其能够在统一、公开的标准下运行,具有较强的集中监管特征;合作方法的监管要求则较为宽松,暂未要求建立统一的监管机构。

在市场收益使用方面,集中减排机制下活动产生的部分收益被要求用于负担行政开支以及支持发展中国家缔约方开展适应工作;合作方法则缺少将其活动收益用于上述用途的授权。

为维护环境完整性,实施两类市场机制都要避免碳减排指标被双重计算,即在市场机制下产生、交易的碳减排指标只能被一方用于实现国家自主贡献目标。相对而言,合作方法有关实现该条件的方式比较清晰,其提出将通过"相应调整"的方式避免双重计算风险,即当碳减排量跨境交易发生后,减排指标购入方可在核算其国家自主贡献目标完成情况时减去该部分碳排放量,出售方则须在核算时加上该部分碳排放量;集中减排机制则仅就避免双重计算提出了原则性要求,没有明确具体、可操作的落实方式,这成为这一阶段谈判中的主要分歧点。

尽管全球气候治理模式在2015年12月通过《巴黎协定》后发生了根本性的改变,但《巴黎协定》的第六条细则却迟迟未能落地,截至2020年年底,《巴黎协定》缔约方尚未就第六条的详细规则达成协议,仍在朝着达成共识的方向持续努力。这在一定程度上导致了依据国际法的碳交易市场缺失,在区域性和非官方的碳交易市场、碳减排标准组织不断兴起和发展的背景下,全球碳市场分散化、碎片化发展的势头加剧,欧盟倡导的"自上而下"的温室气体减排量强制性分配转变为中美所倡导的"自下而上"的国家自主贡献模式,各国开始通过双边协议的方式实现碳市场的相互连接。

事实上,即使《巴黎协定》各缔约方未能就第六条的详细规则达成协议,在《巴黎协定》所附的决议中,各国已经同意根据第 6.2 条以及可持续发展机制的规则、模式和程序制定合作办法指南。与此同时,各司法管辖区在发展区域碳交易市场过程中所产生的知识、标准和实践经验,将对制定《联合国气候变化框架公约》下的指南至关重要;部分经济体通过双边协议来连接碳市场的举措,也能够在一定程度上促进全球碳市场未来的连接和国际交易;国际行业组织主导的碳减排市场机制也将拓展 2020 年后国际碳交易机制的空间。

2020 年后的国际碳交易机制框架总体上将由《联合国气候变化框架公约》主渠道下缔约方碳减排市场(以下简称主渠道碳市场)和国际民用航空组织(ICAO)等国际行业组织建立的碳减排市场(以下简称行业碳市场)构成,二者的主要区别见表 2-2。

表 2-2　国际碳交易机制框架下不同碳减排市场的区别

比较项目	主渠道碳市场	行业碳市场
重要事项决策	遵循协商一致原则,充分反映各方诉求	遵循"少数服从多数"原则,决策效率较高,包容性相对较弱
管控对象	享有主权国家地位的缔约方在其主权边界内排碳	聚焦于航空、航海等领域国际航段产生的碳排放(该部分排放难以由主权国家独立管理)
目标设定	碳减排目标是在国家自主贡献模式下制定的,目标类型、范围、程度等关键因素由各缔约方视情自主决定,具有较强的"自下而上"特征	更倾向于对全行业实施统一要求,约束力较强,具有一定的"自上而下"特征

续表

比较项目	主渠道碳市场	行业碳市场
实施方式	集中度较高的可持续发展机制,灵活度较高的合作方法	得益于管控对象标准化程度较高等特点,行业碳市场运行倾向采用集中、统一的模式
碳减排成本分担	碳减排成本较高的行业可以通过购买碳减排成本较低的行业剩余的相对廉价的碳减排指标来完成履约任务,使碳减排压力在行业间有效传导	碳市场覆盖范围相对单一,在灵活机制有限的情况下,其行业碳减排压力难以由其他行业分担

《巴黎协定》后,全球碳市场逐渐形成了一个主流的分法是:根据是否具有强制性,碳交易市场可被分为强制性碳排放权交易市场和自愿性碳排放权交易市场。

强制性碳排放权交易市场,是指政府为控排企业发放碳配额并允许其通过买卖履约的碳排放交易体系。截至 2021 年年末,全球范围内正在运行的强制减排市场超过 30 个,包括欧盟碳市场、中国全国碳排放权交易市场,以及美国区域温室气体减排行动碳市场(RGGI)等。

自愿性碳排放权交易市场,是指根据政府部门和民间组织标准及流程,为自愿实施减排的项目核发可交易的碳减排量的碳交易市场,诞生于《京都议定书》时期,最早是按照清洁发展机制以及联合履约机制组织的碳交易市场。随着世界各国对气候变化的日益重视,自愿性碳排放权交易市场更加多元化,既包括控排企业履约买盘,也包括其他机构的自愿减排。据世界银行的统计,2002—2020 年,全球各类组织累计核发减排量 43 亿吨,相当于 2000 亿棵树 1 年吸收的二氧化碳,约占全球每年碳排放量的 7.9%。

中国的碳交易也形成了"强制性碳排放权交易市场"和"自愿性碳排放交易市场"两个市场制度安排(见第三章)。

2.2　国际主流碳市场

目前,世界上还没有形成统一的国际碳排放权交易市场,而区域性碳交易市场的发展正如火如荼。

国际碳行动伙伴组织发布的《全球碳市场进展 2021 年度报告》显示,截至2021 年 1 月 31 日,全球共有 24 个运行中的碳市场,另外有 8 个碳市场(包括哥伦比亚碳市场和美国东北部的交通和气候倡议计划)正在计划实施,预计将在未来几年内启动运行。此外,还有 14 个司法管辖区(包括智利、土耳其和巴基斯坦等地)在考虑在其应对气候变化的政策工具中引入碳市场手段。这些正在运行的碳排放权交易体系已覆盖全球 16% 的二氧化碳排放量、近 1/3 的人口和 54% 的 GDP,覆盖电力、工业、航空、建筑等多个行业(图 2-1)。

按照不同政府层级对正在运行中的碳交易市场进行划分的话,全球范围内有 1 个超国家机构的碳交易市场——欧盟碳市场,8 个全国性的碳市场——中国、英国、德国、墨西哥、新西兰、韩国、瑞士、哈萨克斯坦,18 个省和州层级的碳市场,6 个城市层级的碳市场(图 2-2)。值得一提的是,排放权交易的起源地美国,目前只有区域性碳市场,如加利福尼亚州碳市场、特拉华州碳市场等地方性碳交易市场。

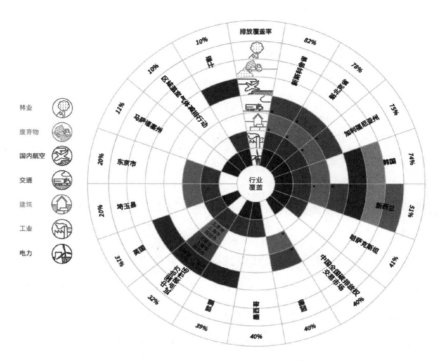

图 2-1　全球各碳市场覆盖范围①

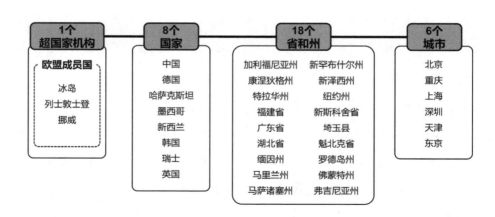

图 2-2　全球碳交易市场在不同的政府层级运行

---

① 　图表来源：国际碳行动伙伴组织。

自 2005 年《京都议定书》生效以来,全球区域性碳市场如雨后春笋般不断涌现(图 2-3),其中发展得相对成熟的碳交易市场主要有五个,分别为欧盟碳市场、新西兰碳市场、美国区域温室气体减排行动碳市场、加州-魁北克碳市场、韩国碳市场(KETS)。这些碳交易市场的发展经验,具有较强的代表性和借鉴意义。

图 2-3　全球区域性碳交易市场建立时间表①

2.2.1　欧盟碳市场:执牛耳者

欧盟一直都是应对气候变化的先锋。《京都议定书》刚通过,欧盟就做出承

---

① 图片来源:德国国际合作机构,国际碳行动伙伴组织,世界银行,《碳排放权交易实践手册:设计与实施》。

诺,其在《京都议定书》附件Ⅰ中的 15 个成员国将作为一个整体,实现到 2012 年时温室气体排放量比 1990 年至少削减 8％的减排目标。为此,1998 年 6 月欧盟委员会发布了题为《气候变化:后〈京都议定书〉的欧盟策略》的报告,提出要在 2005 年前建立欧盟内部的温室气体排放权交易机制。在美国拒绝核准《京都议定书》后的 2001 年,《欧盟温室气体排放交易机制意见稿》被提交欧盟委员会并在次年 10 月获得通过。2003 年,欧盟委员会通过了温室气体排放配额交易指令(Direetive2003/87/EC),这项指令为后来欧盟碳市场的建立奠定了牢靠的法律基础和运营基础。

自 2005 年开始运行的欧盟碳市场至今都是其他国家争先效仿的对象,除了因为本身是全球运行最早和成熟度最高的碳市场,还因为其"边学边做"的发展历程对要探索建立碳市场的发达国家和发展中国家来说更具参考学习价值。

欧盟碳市场自启动以来便经历了数项改革,按照碳市场履约周期来划分,欧盟碳市场的运行目前可以分为四个阶段(见图 2-4)。已经完成履约的三个阶段时间跨度不一,覆盖范围逐渐从小众走向普适,碳市场也已经在各种实践中催生出了一系列欧盟应对气候变化的缓冲与调控措施。其中,第一阶段和第二阶段对应欧盟在《京都议定书》第一承诺期中设下的减排目标,第三阶段对应欧盟在《京都议定书》第二承诺期中设下的减排目标。新一轮履约周期,即第四阶段对应欧盟在《巴黎协定》中做出的 2021—2030 年的减排目标。从纳入范围来看,欧盟碳市场分阶段逐步实施,第一阶段就覆盖了电力、钢铁、水泥、化工等行业,第二阶段纳入了航空业,第三阶段纳入了建筑业。

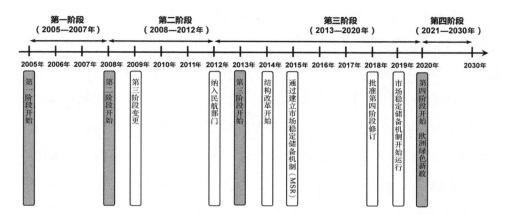

图 2-4　欧盟碳市场重大事件时间线

第一阶段(2005—2007 年):这一阶段属于试运行阶段,《京都议定书》生效后,世界各国(尤其是美国)在气候问题上表现出的差异化态度使得全球碳市场的发展前景充满了各种不确定性,先行启动碳排放权交易市场的欧盟在起始两年保持了一种谨慎的态度。在这一阶段,欧盟碳市场纳入的履约行业只覆盖了发电厂和内燃机规模超过 20 兆瓦的企业(危废处置和城市生活垃圾处置设施除外),以及炼油厂、焦炉、钢铁厂、水泥、玻璃、石灰、陶瓷、制浆和纸生产等工业企业,且对 95% 的碳配额采取了免费分配形式。

欧盟碳市场在这三年的履约周期中暴露出了几处不足:一是未建立碳排放核查机制,排放国倾向于虚报数据,欧盟碳市场在运行过程由于缺乏可靠的数据而导致预估结果出现偏差;二是欧盟成员国在分配配额时有很大的自主权,分配较为宽松;三是配额分配以历史基数法为主,也就是根据企业自身的历史排放情况来发放配额,这不仅容易导致"鞭打快牛"的不公平现象出现,也会引发市场配额过剩问题。第一阶段中以能源部门为代表,市场上碳配额供过于求,2006 年配额价格从 30 欧元/吨下跌到 15 欧元/吨。由于第一阶段的配额不允许结转至下一阶段使用,临近履约周期末的配额价格更是跌到了零点。

第二阶段(2008—2012年):这一阶段,欧盟正式履行其在《京都议定书》第一承诺期中定下的减排承诺。在第一阶段的基础上,欧盟碳市场覆盖范围开始扩大,参与碳交易的成员国新增了冰岛、列支敦士登以及挪威,履约行业新纳入了航空行业航空部门(2023年12月前仅限往返于欧盟国家、挪威和冰岛的航线)。针对欧盟碳市场在第一阶段中暴露出的问题,欧盟在第二阶段采取多项措施加强了核算和配额控制,包括优化碳排放核算体系、完善配额分配方案和加强对成员国分配计划的审核等,其中免费配额发放比例削减至90%。

然而受2008年经济危机和欧债危机影响,全球经济衰退,欧盟实际排放量远低于规定的上限,许多企业的排放配额出现剩余,市场上再次出现碳配额供大于求的现象,仅2009年欧盟碳市场的配额总剩余量便接近8000万吨。在此背景下,这一阶段的欧盟碳市场碳配额交易价格持续处于低迷状态,曾一度跌破5欧元/吨。事实上,欧盟在第二个履约周期中提供的配额稀缺预期以及允许配额跨期储存等政策措施在提升碳市场运行稳定性上还是发挥了重要作用的,毕竟即使在金融危机的冲击之下,欧盟碳市场的碳价也没有暴跌成第一阶段末期那样的地板价。

第三阶段(2013—2020年):欧盟碳市场的第三个履约周期对应的是欧盟在《京都议定书》第二承诺期中做出的承诺。在这一阶段,多项重要改革开始被执行。欧盟碳市场建立了专门的第三方核查体系,并重点对配额分配进行了改革:将设定排放配额总量的权力集中至欧盟委员会,由欧盟委员会制定欧盟整体的排放配额总量并向各国分配;配额总量上限开始日益收紧,总体上确定了排放上限在前一个履约期年配额总量基础上每年以线性系数1.74％递减的动态机制；进一步扩大了基准线法和拍卖的使用范围（基准线法以行业的碳排放强度基准来确定企业配额分配，相比历史基数法更好地体现了公平原则。拍卖则能最有效率地发现碳价，最大限度地发挥碳交易体系的减排效率），碳配额由以免费分配为主逐步过渡到拍卖占比不低于50％。此外，由于第二阶段的欧盟碳市场允许剩余配额留存至第三阶段，第三阶段的碳价长期处于低位，直到欧盟委员会开始讨论引入市场稳定储备机制并推进第四阶段改革方案，市场才表现出强烈的利好信号。2019 年，市场稳定储备机制开始运行，欧盟碳市场将 12％的过剩配额纳入市场稳定储备中，碳市场逐步完善。

第三阶段的一系列机制变革使得欧盟碳市场的金融化程度不断提高，碳价发现功能逐渐增强。因此，欧洲碳价自 2019 年开始出现高速爬升，虽然新冠肺炎疫情暴发后碳价一度急剧下滑，但得益于市场稳定储备机制的支撑以及欧洲"绿色复苏"方案的执行，欧洲碳价上涨的价格信号得到有效提升，至 2020 年已提升到 30 欧元/吨以上。

在第二阶段中与欧盟谈判进行碳交易市场连接的瑞士，在 2013 年参照欧盟碳市场规则修改了本国碳市场规则，并于 2020 年与欧盟碳市场完成了连接，为全球范围内的区域性碳交易市场连接提供了具有参考价值的案例示范。

第四阶段（2021 年至今）：在经历了 15 年的摸爬滚打后，欧盟将在前三个阶段的基础上实施更为严格的减排计划。其中，碳排放上限将以更快的速度递减，将碳排放配额年度总量的折减因子自 2021 年起由 1.74％提高至2.2％。未来，欧盟碳市场仍将通过市场稳定储备机制从市场中撤回过剩的配额。这些措施明确了欧盟长期减排的决心,进一步强化了配额的稀缺性,起到了稳定和提升碳价的作用。2021 年年初,欧盟碳价已经上涨到了 30 欧元/吨以上。

2020 年年末英国正式退出欧盟,也脱离了欧盟碳市场。英国在结束了长达 47 年的欧盟成员国身份以后,于 2021 年 1 月 1 日正式启动英国碳市场。英国碳市场与欧盟碳市场第四阶段的设计特征非常相似,目前只覆盖了电力、工业和航空部门。但是,英国碳市场的排放上限更为严格,比欧盟碳市场上限低 5%。英国能源白皮书《为零碳未来提供动力》宣称,英国碳市场是"世界上第一个净零碳排放限额和交易市场"。

随着欧盟气候雄心的不断壮大和碳市场的日益完善,欧盟碳市场的参与主体还将进一步扩容。根据欧盟委员会公布的《2030 年气候目标计划》,道路运输、建筑以及内部海运都将在这一阶段被纳入欧盟碳市场的管控范围。另外,商业银行、投资机构、私募基金等多样化的金融主体参与碳市场的队伍也将日益壮大,市场活跃度有望得到大幅提升。

2.2.2 新西兰碳市场:两朝元老

2008 年,新西兰碳市场开始运营,这也就意味着新西兰碳市场的起步发展仅仅只比欧盟碳市场晚了三年左右的时间,是在欧盟碳市场之后第二个启动的发达国家强制性碳排放权交易市场(图 2-5)。

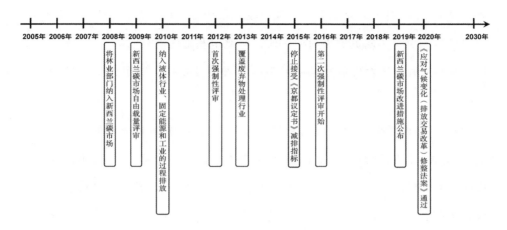

图 2-5　新西兰碳市场重大事件时间线

　　新西兰碳市场在建设之初,是作为《京都议定书》之下的嵌套体系开展建设的,后来以国家层级的碳市场为定位开始进行交易,并且经历了从《京都议定书》到《巴黎协定》两次全球气候治理共识的变化。相比欧盟碳市场,新西兰碳市场在体制机制的改革改进方面甚至可以用"佛系"来形容。要知道,确立新西兰碳市场基本法律框架的《2002 年应对气候变化法》早在 2001 年就通过了,新西兰碳市场足足等了 7 年才鸣锣开市,当然该法律也分别于 2008 年、2011 年、2012 年、2020 年进行过修订。直到 2015 年,新西兰政府才对碳市场进行了严格意义上的立法改革,明确停止接受《京都议定书》的减排指标,改善了碳市场的设计和运营。

　　2019 年起新西兰碳市场开启了新一轮深度改革,明确地提出了一系列改进措施,包括从 2021 年起逐步减少工业部门的免费分配配额,引入新的林业行业排放核算方法,明确新的未履约处罚办法等。2020 年 6 月《应对气候变化(排放交易改革)修正法案》通过,新西兰政府推出了加强碳减排计划的新法令,为其 2021—2025 年的气候政策(包括碳市场)奠定了法制基础。这一轮前所未有的改革力度,终于彰显了新西兰碳市场这位历经《京都议定书》和《巴黎协定》的"两朝元老"为实现更加深远的气候目标奠定基础的决心。

新西兰碳市场在发展改革历程中的特点以及变化主要可以被归纳为以下几点。

一是,新西兰碳市场最初只管控了林业部门,后来逐渐纳入了电力、工业、航空、交通、建筑、废弃物以及农业(当前农业仅需要报告排放数据,不需要履行减排义务)等行业,在全球碳市场中覆盖的行业最为全面,其定位是覆盖新西兰经济体中的全部生产部门。且新西兰碳市场纳入控排行业的门槛较低,覆盖的总排放量约占新西兰总排放量的51%。

二是,相对于其他区域性碳市场,新西兰碳市场对温室气体中的甲烷减排要格外重视一些。这主要是因为新西兰作为羊毛和乳制品出口大国,温室气体排放来源的结构较为特殊:农业占48%,能源使用(交通)占21%,能源使用(其他)占19%,工业过程占7%,废弃物占5%。其中农业部门产生的温室气体中约有35%是甲烷。[①] 为此,新西兰新的《应对气候变化(排放交易改革)修正法案》提出将从2025年开始对农业排放进行定价。

三是,新西兰碳市场最初对国内碳配额总量并未设置上限,2020年通过的《应对气候变化(排放交易改革)修正法案》首次提出进行碳配额总量控制(2021—2025年)。

四是,新西兰碳市场以往通过免费分配或固定价格卖出的方式来分配初始配额,从2021年开始引入碳配额拍卖机制,并于2021年3月对碳配额进行了首次拍卖。此外,《应对气候变化(排放交易改革)修正法案》还制定了逐渐降低

---

① 数据来源:国际碳行动伙伴组织,华宝证券研究创新部。

配额分配比例的时间表,政府从 2021 年开始逐步减少对排放密集且易受贸易冲击的行业(如工业部门)的免费配额。

五是,新西兰碳市场的价格控制手段从固定价格机制转变为成本控制储备机制(CCR)。固定价格控制的取消叠加碳排放上限的设置,使得新西兰碳价在《应对气候变化(排放交易改革)修正法案》宣布后应声上涨,创下了历史新高。

2.2.3　美国区域温室气体减排行动碳市场:摇摆的美国

美国作为全球第一大经济体、历史上的碳排放"贡献大国"和现今的全球第二碳排放大国,在对待气候问题上却表现出了与大国形象严重不符的态度。在《迈向碳中和:中国未来转型路径及产业机遇》一书中,笔者提到过美国在其低碳发展优势如此鲜明的情况下,对待全球气候问题的态度依旧在左右摇摆。在介绍美国区域温室气体减排行动碳市场之前,我们可以简单回顾一下美国对待碳减排的态度,以便我们理解,什么都要争先的美国为何至今还处在区域碳市场阶段。

20 世纪 90 年代,克林顿政府在面对全球气候问题上是积极的。这一时期,美国遭遇了前所未有的极端天气,严重的热浪与 45℃高温导致农牧业损失惨重,造成了干旱与大量人员伤亡。空前的天灾使得当时的克林顿政府在应对全球气候变化这一议题上表现出了积极态度。1993 年,《美国气候变化行动计划》提出鼓励通过加快开发清洁能源和创新环保技术等手段与措施促进碳减排。1994 年,克林顿政府发布《国家安全战略报告》,将环境外交上升到了国家安全战略层面,环境安全更是被提升到了战略安全的高度。1997 年,连任总统的克林顿宣称美国要承担保护地球的领导责任,同时积极参加并签署了全球首个具有法律效力的温室气体减排协定——《京都议定书》，承诺美国将在目标期限内，以1990年为基准至少减排7％。但是，由于国会的反对，《京都议定书》的签署以及相关减排目标的落实最终并未得到参议院的核准。国会的阻挠并不能削减克林顿政府致力于推动《京都议定书》生效的决心，克林顿政府巧妙地利用行政优势绕开国会，还投入了大量资金以推进全球气候治理进程，可惜的是，克林顿政府心有余而力不足，所推出的气候治理举措在执行效果上并不尽如人意。

如果说克林顿政府是"努力过"的话，那么对小布什政府则可以用"视而不见"来形容。在小布什任职期内，美国同样小灾害频发，人财损失惨重，然而这一时期的执政党并没有出台应对气候变化的政策与措施，其中深意也可见一斑。2001年3月，小布什政府更是以减少温室气体排放将会给美国经济发展带来消极影响以及中印等发展中国家理应承担减排和限排义务为由，宣布退出《京都议定书》。这一看似"合理"的行为，导致《京都议定书》的生效陷入僵局。此后，美国虽然迫于国际社会的重压在政策上做出了一定调整，但是其对全球气候治理消极的态度依然未曾改变，自然也不曾采取任何实质性措施来促进减排。

之后是"环保斗士"奥巴马。奥巴马在当选总统后便表示"气候变化将继续损害我们的经济、威胁我们的国家安全，我的上任就职将标志着美国在全球气候变化方面重新担当领导地位"，这番话被国际社会视作气候变化问题上小布什时期的结束和奥巴马时期的开始。鉴于当时使用清洁能源与保护环境成为民心之所向，奥巴马政府在美国国内大力推行新能源政策。美国先后制定出台了《美国清洁能源与安全法案》(2009)及《总统气候行动计划》《清洁电力计划》等政策，希望通过政策引导碳减排。此外，奥巴马政府还在国际社会积极推动双边和多边气候谈判,签署了《巴黎协定》,并积极推动《巴黎协定》的生效实施,为国际社会尤其是发展中国家提供气候资金支持,希望重塑美国全球气候治理领袖的地位。2013 年,获得连任的奥巴马更是在连任演讲时强调:"我们应该对气候变化带来的威胁做出反应,如果我们不这样做,将是对子孙的背叛。"虽然奥巴马政府的气候政策一直遭受国会的反对,但是他始终没有放弃利用行政手段实施低碳和环保的绿色新政。

然而 2017 年,特朗普一上任便犹如犀牛闯进了瓷器店,当即宣布退出《巴黎协定》。在他看来,《巴黎协定》是"一项对美国企业不利的协定",对美国经济增长产生了负面影响,"使美国处于不利竞争地位"。虽然美国自 20 世纪 90 年代以来便一直饱尝因温室气体过度排放导致极端天气横行的苦果,但"睁着眼睛说瞎话"的特朗普还是在个人推特中发表了他独有的"真知灼见":"美国的天气正在变冷,气候变暖只是中国等发展中国家意图拒绝为全球气候变化买单而杜撰出来的昂贵骗局。"特朗普一时冲动的"退群"行为,使得美国再次成为世界瞩目的焦点。

然而,美国要付出的代价也是巨大的,特朗普退出《巴黎协定》不仅将奥巴马时期美国辛辛苦苦积累的资本消耗殆尽,使得美国多年来为碳减排所做的努力付之东流,更拖慢了全球气候治理的进程,特别是对《巴黎协定》的普遍性构成严重伤害,产生了极大的负面影响。虽说这一行为对《巴黎协定》的法律效力构不成威胁,各国在对待全球气候问题合作上也并未因此受到冲击,但若长此以往,没有大国政治意愿的持续推动,其他国家很可能心理不平衡,进而纷纷"退群"。

但值得庆幸的是,"其身不正,虽令不从"。美国国内很快便发出了另一种声音。2017 年 7 月,纽约前市长迈克尔·布隆伯格(Michael Bloomberg)与时任加州州长杰里·布朗(Jerry Brown)以"我们还在"(We Are Still in)为口号,发起倡导组织"美国承诺"(America's Pledge)。

在2020年的美国总统大选中,与特朗普针锋相对的拜登不仅提出了名为"清洁能源革命和环境正义计划"的竞选纲领,支持气候危机特别委员会发布《解决气候危机:建设清洁、健康、韧性和公正的美国经济》,更是承诺在其当选后美国将会重新加入《巴黎协定》。

接替特朗普的美国第46任总统拜登,在上任首日就推翻了特朗普的诸多"政治遗产",宣布美国重返《巴黎协定》,并发布应对气候变化的全面行动,传达了美国重新回到世界舞台的决心,并将应对气候变化上升为国策,意图通过"气候新政"推动清洁能源革命,使美国在未来全球气候治理合作中重获领导地位。一切"去特朗普化"的拜登在2021年上任之初,就大刀阔斧地签署了一系列行政令,推出一揽子应对气候变化政策,摆出了"大干一场"的架势,明确提出"将气候危机置于美国外交政策与国家安全的中心"。2021年7月,拜登提出了"清洁能源计划",计划2035年前将发电领域的碳排放完全清零,并提出"不晚于2050年"实现"净零排放"的目标。

看到美国历届政府对于全球气候变化政策态度的反复无常,我们就能预料到,在美国要想推行全国统一的碳市场难于登天。但也是由于其联邦制,每个州都有独立的法律、行政权和高度的自治权,区域层面推出碳市场还是具有很大的可行性的。

美国区域温室气体减排行动碳市场的形成要从2003年美国纽约州前州长乔治·帕塔基(George Pataki)提出的美国区域碳污染减排计划说起(图2-6)。

美国区域碳污染减排计划是美国第一个强制性的、基于市场手段减少温室气体排放的区域性行动。这份计划面世的时候,小布什政府还在因为"气候问题动了我的奶酪"而将《京都议定书》拒之门外,而美国一些州一级、市一级的地方政府则在对气候问题上持积极应对态度,包括纽约州在内的几个州更是先行就如何通过碳排放总量控制与交易(CAT)机制来实行碳定价政策的问题展开了讨论。2005 年 11 月,美国各大能源公司老总齐聚纽约,对"一旦小布什离任,美国必将执行限制二氧化碳和其他温室气体排放量的规定"的假设进行了投票,最终有 80% 的人支持这一假设成立。同年 12 月,美国康涅狄格州、特拉华州以及缅因州等联合成立了电力行业(装机容量大于或等于 25 兆瓦且化石燃料占 50% 以上的发电企业)碳交易市场。

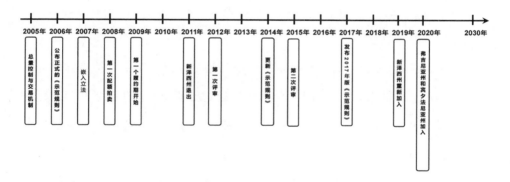

图 2-6　美国区域温室气体减排行动碳市场重大事件时间线

从 2003 年到 2009 年,在部分能源行业代表、非政府组织和技术专家等多方力量的努力下,美国区域温室气体减排行动碳市场正式启动,覆盖美国东北地区 10 个州(康涅狄格州、特拉华州、缅因州、新罕布什尔州、马萨诸塞州、纽约州、马里兰州、罗得岛州、佛蒙特州、新泽西州),后来弗吉尼亚州和宾夕法尼亚州分别于 2021 年和 2022 年加入美国区域温室气体减排行动碳市场。随着各个成员州通过关于 2020 年后碳市场运行的相关法规,从 2021 年起,12 个成员州均将实行更加严格的年度总量减量因子和排放控制措施。

美国区域温室气体减排行动碳市场的运行和发展主要有以下几个方面的特点。

一是,作为全球首个由州层级的碳交易市场联合组成的区域性碳交易体系,美国区域温室气体减排行动碳市场给予各州自主裁量权以制定符合各州具体实践的政策和规则。

二是,美国区域温室气体减排行动碳市场是美国第一个以市场为基础的强制性减排体系,采取排放限额措施,规定了 2018 年温室气体排放量比 2009 年减少 10% 的温室气体排放上限,以及 2014 年前各州的排放上限固定不变。2019 年美国区域温室气体减排行动碳市场地区碳排放量约为 5800 万吨,与 10 年前相比下降了约 70%。

三是,美国区域温室气体减排行动碳市场是全球首个完全以拍卖方式进行分配的排放交易体系,其初始配额分配全部通过拍卖进行,拍卖每季度进行一次。也就是说美国区域温室气体减排行动碳市场的一级市场主要以季度拍卖为主,二级市场主要进行碳配额及其金融衍生品交易。

四是,美国区域温室气体减排行动碳市场属于单行业交易体系,仅纳入了电力行业(2005 年后所有化石燃料发电超过 25 兆瓦的发电企业都要加入美国区域温室气体减排行动碳市场),覆盖排放总量 0.87 亿吨(2020 年),约占覆盖地区排放总量的 18%。

五是,美国区域温室气体减排行动碳市场的每次制度改革都释放了坚定的减排信号,起到了提升碳市场活力、稳定碳价的作用。针对前期由页岩气革命等因素导致的碳价低迷,2012 年美国区域温室气体减排行动碳市场开展的第一次评审决定将配额总量减少 45%,并设置成本控制储备机制。2015 年起开展的第二轮方案评审就美国区域温室气体减排行动碳市场方案设计中的二氧化碳减排、机制、规则、贸易伙伴、配额拍卖和跟踪系统等方面进行改革。

2.2.4　加州-魁北克碳市场：相得益彰的北美减排合作体

尽管在美国并未形成全国统一的碳排放权交易市场，但是并不影响美国各州建立区域碳市场以及与其他地区形成减排合作体。西部气候倡议（WCI）是由美国加州等西部 7 个州和加拿大中西部 4 个省于 2007 年 2 月约定成立的一个长期组织，是旨在通过州、省之间的联合来推动气候变化政策的制定和实施，支持采用市场机制来有效实现减排的区域性气候变化应对组织。

2008 年 9 月，西部气候倡议明确提出要建立独立的区域性排放交易体系，目标是到 2020 年温室气体排放量比 2005 年降低 15%，由此形成的西部气候倡议碳市场是后来北美较为成熟的碳交易体系之一，覆盖范围包括发电、工业和商业化石燃料燃烧、工业过程排放、运输天然气和柴油消耗以及住宅燃料使用所排放的二氧化碳、甲烷、氧化亚氮、氢氟烃、全氟碳化物、六氟化硫和三氟化氮。

2014 年，西部气候倡议体系下的加利福尼亚州和魁北克省两个碳市场实现连接，为全球碳市场之间的国际合作做出了良好示范。到 2020 年，加州-魁北克碳市场覆盖的总排放量为 3.89 亿吨，约占这一年加州与魁北克省总排放量的 80%，覆盖部门包括电力行业、制造业、交通和建筑领域。

加州-魁北克碳市场的运行可分为三个阶段（图 2-7）。第一阶段（2013—2014 年）的加州-魁北克碳市场中有 90% 以上的配额采用免费分配方式。第二阶段（2015—2017年）中，加州政府在2016年确定了其2030年较1990年温室气体减排40％的气候目标，加州碳市场制定了自2016年起每年以3％的速度下降的温室气体排放上限。魁北克碳市场则纳入了上游化石燃料分销商、供应商和首批电力供应商，并于2017年通过了2021—2030年《排放量上限规划法规》。在这一阶段，加州-魁北克碳市场的配额分配机制开始改变，只有高泄漏类企业可免费得到配额，中等泄漏类企业可免费得到75％的配额，低泄漏类企业可免费得到50％的配额。第三阶段（2018—2020年）中，加州-魁北克碳市场免费配额的比例进一步降低，高泄漏类企业不变，中等泄漏类企业免费得到的配额比例下降到50％，低泄漏类企业下降到30％。其中美国加州碳市场于2018年1月与加拿大安大略碳市场实现连接，但安大略省后来在2018年中期废除了总量控制与交易机制，切断了与加州和魁北克省的连接。

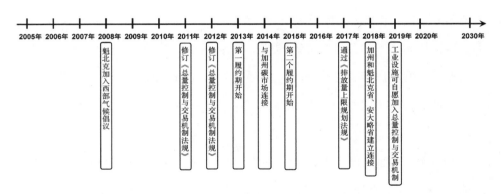

图 2-7　加州-魁北克碳市场重大事件时间线

其实，在北美洲实现碳市场连接的前几年里，欧盟碳市场就已经与多个国家在推进碳市场连接方面进行了有益探索。尽管各个碳市场发展运行情况以及连接形势各有不同，但总体来看，不难得出一个结论——相似度越高的碳市场进行连接的难度越低。比如 2007 年加入欧盟碳市场的挪威碳市场最初就是按照欧盟碳市场的指令来设计的,2008 年成立的瑞士碳市场则是在 2013 年参照欧盟碳市场规则修改了本国的碳市场规则,才于 2020 年与欧盟碳市场完成连接。北美洲这边的魁北克碳市场也是在 2011 年修订了《总量控制与交易机制法规》使其与西部气候倡议通过的规则保持一致,在碳市场关键设计要素与加州碳市场相似的情况下实现了双向连接。

2.2.5 韩国碳市场:岛国的上进

近年来,高度依赖化石能源进口的韩国碳市场发展势头良好,于 2015 年 1 月启动的韩国碳市场是东亚地区第一个启动的全国统一碳交易市场。韩国碳市场覆盖了包括钢铁、水泥、石油化工、炼油、能源、建筑、废弃物处理和航空业在内的八大行业,纳入的排放量为 5.48 亿吨(2020 年),约占韩国总排放量的 70%。

韩国碳市场建设分三个阶段进行(图 2-8)。

在第一阶段(2015—2017 年),韩国碳市场纳入的行业范围为电力、工业、建筑、运输(国内航空)以及废弃物五个部门,期初的配额总量为 5.40[①] 亿吨二氧化碳当量,碳配额发放全部采用免费分配方式。

在第二阶段(2018—2020 年),韩国碳市场覆盖范围里新增了公共部门,期初的配额总量为 6.01 亿吨二氧化碳当量,碳配额发放全部采用免费分配方式,97% 的排放配额免费发放,剩下的 3% 则通过拍卖的方式进行分配。

————————————

① 数据来源:国际碳行动伙伴组织,华宝证券研究创新部。

在第三阶段(2021—2025年),韩国碳市场覆盖范围里新增了国内交通(包括货运、铁路、客运和航运),碳市场覆盖碳排总量的占比将提高到73.5%,期初的配额总量为5.89亿吨二氧化碳当量,免费分配的比例将下降到90%以下。

此外,韩国碳市场还将允许证券公司和个人等其他参与者进入二级市场,并引入衍生品来提升市场功能,以此形成更大的市场稳定性和灵活性。

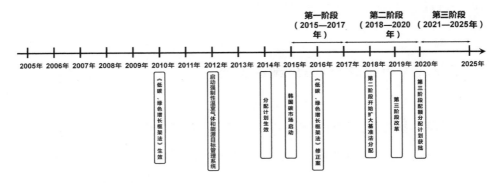

图2-8 韩国碳市场重大事件时间线

根据韩国于2020年12月30日向《联合国气候变化框架公约》秘书处提交的"2030国家自主贡献"目标,以及"2050长期温室气体低排放发展攻略"(LEDS),韩国争取到2030年将温室气体排放量较2017年减少24.4%。新提交的减排目标意味着韩国要将以化石燃料发电为主的电力供应系统转换为以可再生能源和绿色氢能为主的能源系统,到2050年实现碳中和。这一目标较其之前在哥本哈根世界气候大会上宣布的减排目标(比2005年的排放水平减少4%,比不采取措施的预计排放量减少30%)有所加强,由此我们也不难看出韩国不断加强的减排决心和信心,韩国碳市场作为韩国进行气候治理的有力政策工具可以说是功不可没。

结合韩国碳市场前两个阶段的发展运行情况和第三阶段的碳市场改革方

法对韩国碳市场进行分析,其值得借鉴的经验主要有以下几点。

一是,韩国碳市场有着完备的碳交易法律体系。由于碳市场运行时间较短,容易出现碳市场机制设置相对宽松、市场流动性不强等问题,为此,韩国在碳市场建立前就已经开始持续颁布和完善相关法律,由《低碳绿色增长基本法》(2010 年)、《温室气体排放配额分配与交易法》(2012 年)、《温室气体排放配额分配与交易法实施法令》(2012 年)、《碳汇管理和改进法》及其实施条例(2013年)、《碳排放配额国家分配计划》(2014 年)等构成的碳交易法律体系保障了韩国碳市场的顺利运行。

二是,韩国碳市场采取了"量体裁衣"的配额分配方式。韩国政府在企划财政部下设置了碳排放配额分配委员会来负责碳配额的分配,配额分配方案根据不同的交易阶段和行业细分而成,分配委员会依据实际情况给予控排企业相应的免费配额。比如,第一阶段免费配额的分配率为 100%,到第二、第三阶段则分别下降到 97% 和 90% 以下。这种循序渐进的配额分配方法使得企业以最小成本参与到碳交易活动中来,在控排企业积累了一定的交易经验后通过加大有偿分配比例来促使企业积极节能减排。

三是,韩国碳市场允许采用灵活的碳市场履约方式。在履约方面,韩国碳市场在第一阶段允许企业使用韩国核证减排量(KCU)来抵销排放,在第二和第三阶段允许使用国际抵销信用(CERs)来完成履约。每个交易期和单个履约年份之间允许配额跨期储存和预借,即本阶段内剩余配额储备在一定条件下可留到未来阶段使用(有数量限制),仅允许阶段内不同时期碳配额的提前使用(也有数量限制)。

综上(表 2-3),欧盟及其成员国在开展碳交易模式和机制的探索上要先人一步,在气候问题上更具有先发优势,其在全球碳市场发展中掌握了更多的话语权和主导权;新西兰碳市场历史悠久,是目前为止覆盖行业范围最广的碳市场(覆盖了电力、工业、交通、国内航空、建筑、林业、废弃物等行业),也是大洋洲剩下的唯一一个强制性碳排放权交易市场;美国区域温室气体减排行动碳市场则是美国第一个基于市场机制的减少电力部门温室气体排放的强制性计划,纳入了美国12个成员州;加州-魁北克碳市场是由2014年美国加州碳市场与加拿大魁北克碳市场成功连接形成的碳交易市场,是全球碳市场开展国际减排合作的优秀示范;韩国碳市场是亚洲第一个以国家为单位启动的碳交易市场,在体量上也是仅次于中国和欧盟碳市场的世界第三大碳交易市场。

表 2-3　海外主流碳市场发展对比表

对比项	欧盟碳市场	新西兰碳市场	美国区域温室气体减排行动碳市场	加州-魁北克碳市场	韩国碳市场
建立时间	2005 年	2008 年	2009 年	2014 年	2015 年
中期减排目标	2030 年比 1990 年减排 55%	2020 年比 1990 年减排 10%	2018 年比 2009 年减排 10%	2030 年比 1990 年减排 40%	2030 年比 2017 年减排 24.4%
碳中和目标	2050 年实现碳中和	2050 年实现碳中和	暂无	加州 2045 年实现碳中和;魁北克省 2050 年实现碳中和	2050 年实现碳中和
覆盖行业	电力、钢铁、水泥、航空、化工、建筑	电力、工业、航空、交通、建筑、废弃物、林业、农业	电力	电力、工业、交通、建筑	电力、工业、建筑、国内交通、废弃物
运行阶段	第一阶段,2005—2007 年;第二阶段,2008—2012 年;第三阶段,2013—2020 年;第四阶段,2021 年至今	试运行阶段,2008—2014 年;立法改革,2015 年;新一轮深度改革,2021 年	第一阶段,2009—2011 年;第二阶段,2012—2014 年;第三阶段,2015—2017 年;第四阶段,2018—2020 年	第一阶段,2013—2014 年;第二阶段,2015—2017 年;第三阶段,2018—2020 年;后续每三年一个阶段	第一阶段,2015—2017 年;第二阶段,2018—2020 年;第三阶段,2021—2025 年

续表

对比项	欧盟碳市场	新西兰碳市场	美国区域温室气体减排行动碳市场	加州-魁北克碳市场	韩国碳市场
配额总量	第一阶段,21.8亿吨/年;第二阶段,20.8亿吨/年;第三阶段,从2013年的20.4亿吨下降到2020年的17.8亿吨;第四阶段,每年线性下降2.2%	暂无配额总量上限	2009—2011年,1.88亿吨;2013—2013年,1.65亿吨;2014—2030年,从0.84亿吨下降到0.61亿吨	2015—2020年,每年下降3.2%~3.5%	2018—2020年总量上限不变,从2021年起计划执行更为严格的总量限制标准
配额发放方式	免费发放＋拍卖	以免费发放为主	以拍卖为主	免费发放＋拍卖、双重拍卖机制	免费发放＋拍卖
主要特征	(1)超国家机构的碳交易体系;(2)规模及影响力最大;(3)典型的总量控制与交易机制	(1)国家层级的碳交易体系;(2)覆盖行业最广;(3)并未设置总量目标	(1)区域性碳交易体系,由美国多个州联合而成;(2)仅覆盖电力行业;(3)典型的总量控制与交易机制	(1)区域性碳市场进行国际减排合作的碳交易体系;(2)典型的总量控制与交易机制	(1)国家层级的碳交易体系;(2)碳市场运行保障体系相对全面完善;(3)典型的总量控制与交易机制

第3章

中国碳市场

每个人都试图应用他的资本，来使其产品得到最大的价值。一般来说，他并不企图增加公共福利，也不清楚增加的公共福利有多少，他所追求的仅仅是他个人的安乐、个人的利益，但当他这样做的时候，就会有一双看不见的手引导他去达到另一个目标，而这个目标绝不是他所追求的东西。由于追逐他个人的利益，他经常促进了社会利益，其效果比他真正想促进社会效益时所得到的效果还大。

——亚当·斯密（Adam Smith） 英国经济学家

中国碳市场经历了一段漫长而曲折的发展历程。本章重点梳理了碳市场在中国的发展，介绍了九大区域碳市场的历程与现状，讨论了中国碳市场运行的特征和未来发展挑战。

3.1　中国碳交易市场发展历程

碳市场是一个全新的事物,中国的碳市场建立经历了相当长的一段铺垫时间。

1992年5月,全球第一部应对气候变化的具有法律约束力的国际公约——《联合国气候变化框架公约》通过时,中国还只是将气候问题视作环境问题的一种,并没有意识到其背后蕴含的政治与经济意义。后来《京都议定书》的签署以及此后欧盟等发达地区开始将排放权交易等市场机制引入气候治理领域,使中国开始模糊地认识到市场和贸易手段也可以同气候治理挂钩。

但在彼时强调"共同但有区别的责任"原则的《京都议定书》下,由于科技和发展水平的差异,作为发展中国家的中国需要履行的减排义务较少,而承担了强制减排义务的发达国家和地区被硬性要求完成量化减排目标,还要付出比发展中国家更多的气候治理成本。

在此背景之下,中国最初选择采用清洁发展机制,以碳排放权卖家的身份参与碳交易,并不曾考虑构建自己的碳排放权交易市场。欧盟和新西兰等则选择通过市场化手段来推进气候治理进程,从而降低实现减排目标的成本、减少压力。

与之相比,美国、俄罗斯、日本等国家则表现出抵触情绪。时任美国总统小布什以"减少温室气体排放将会影响美国经济发展"的说法来逃避履行减排义务。2009年,《京都议定书》的各缔约方在哥本哈根世界气候大会上未能达成第二承诺期有约束力的目标，俄罗斯、日本等国家相继退出《京都议定书》。此后，清洁发展机制市场需求萎缩，交易几近陷入停滞。

随着国际气候谈判的重点逐步转向形成新共识，发达国家和发展中国家之间"共同但有区别的责任"原则开始被逐渐淡化，且在欧盟出台了关于采购清洁发展机制项目的禁令以后，中国"被迫"开辟碳产业发展的新方向，并由此开始推进自身碳市场的建设。

2011 年 10 月，《国家发展改革委办公厅关于开展碳排放权交易试点工作的通知》发布，国家发改委同意北京、天津、上海、重庆、湖北、广东和深圳开展碳排放权交易试点。2013 年起，两省五市 7 个地方试点碳市场陆续开始上线交易。2016 年，福建、四川试点启动。2017 年前后，推动全国统一的（率先从发电行业启动的）碳市场建设被提上议事日程。2021 年 7 月 16 日，全国碳排放权交易市场正式鸣锣开市，中国碳市场交易发展进入新阶段！

我们可以将中国碳交易市场十几年的演进史（表 3-1）以及未来的发展趋势划分为四个阶段，分别是清洁发展机制阶段（2005—2010 年）、地方试点碳市场阶段（2011—2020 年）、全国碳排放权交易市场初期运行阶段（2021—2025 年）以及全国碳排放权交易市场发展完善阶段（2026—2030 年）。

表 3-1　中国碳市场发展与国际气候领域发展纪事对应表

时间	国际气候领域发展纪事	中国碳市场发展纪事
1997—2005 年	▲1997 年，《京都议定书》通过，提出三种履约机制——清洁发展机制、国际排放贸易机制与联合履约机制。2005 年《京都议定书》生效。	▲2002 年下半年，中国政府和荷兰政府签署合同，开启中国第一个清洁发展机制项目。 ▲2005 年 6 月，中国第一个清洁发展机制项目在联合国清洁发展机制执行理事会（EB）注册成功。

续表

时间	国际气候领域发展纪事	中国碳市场发展纪事
2009 年	▲哥本哈根世界气候大会召开,达成一份不具法律约束意义的《哥本哈根协议》。	▲联合国清洁发展机制执行理事会频拒中国清洁发展机制项目。
2010 年	▲坎昆世界气候大会召开,要求发达国家率先发挥其作用,同时强调适应与缓解应当同样得到优先处理;决定设立绿色气候基金,为发展中国家提供援助;总体确定了2013—2020 年应对气候变化合作的大框架。 ▲2010 年 11 月 25 日,欧盟委员会发布提案,对部分清洁发展机制项目下达禁止令。	▲2010 年 7 月,《国家发展改革委关于开展低碳省区和低碳城市试点工作的通知》发布,国家发改委确定首先在广东、辽宁、湖北、陕西、云南五省和天津、重庆、深圳、厦门、杭州、南昌、贵阳、保定八市开展低碳试点工作。 ▲2010 年 10 月,《国务院关于加快培育和发展战略性新兴产业的决定》首次提出要建立和完善碳排放权交易制度。
2011 年	▲德班世界气候大会召开,明确从 2013 年 1 月 1 日开始《京都议定书》第二承诺期,发达国家在第二承诺期进一步减排;进一步启动绿色气候基金,规定发达国家在2013—2020 年每年要向发展中国家提供1000 亿美元,用于帮助发展中国家适应和减缓气候变化;建立德班增强行动平台特设工作组,在 2015 年前完成 2020 年之后的国际气候谈判制度。	▲2011 年 10 月 29 日,下发《国家发展改革委办公厅关于开展碳排放权交易试点工作的通知》,国家发改委同意北京市、天津市、上海市、重庆市、湖北省、广东省及深圳市开展碳排放权交易试点。
2012 年	▲多哈世界气候大会召开,启动制订 2020 年后国际气候协议的工作计划。 ▲欧盟决定自 2012 年 1 月 1 日起征收国际航空碳排放税。	▲2012 年 6 月 13 日,《温室气体自愿减排交易管理暂行办法》正式颁布,明确国家发改委为中国碳市场的主管单位,并明确自愿减排项目的备案制。

时间	国际气候领域发展纪事	中国碳市场发展纪事
2013 年	▲华沙世界气候大会召开,明确到 2015 年达成一项适用于所有缔约方的议定书;就发展中国家受到气候变化损害提出"损失损害补偿"机制;各国同意建立一个帮助发展中国家停止森林采伐的"基于结果的气候金融"机制。	▲深圳碳市场率先运行,随后上海、北京、广东、天津碳市场相继启动运行。
2014 年	▲利马世界气候大会召开,勉强形成了巴黎气候大会的文本草案;决定每个有条件的国家都应在 2015 年 3 月之前提出国家自主贡献目标,并进一步明确对国家自主贡献的一系列评定标准。	▲《国家应对气候变化规划(2014—2020年)》出台。 ▲发布《碳排放权交易管理暂行办法》,为形成全国碳市场做铺垫。 ▲发表《中美气候变化联合声明》,提出中国计划 2030 年左右二氧化碳排放达到峰值且将努力早日达峰。 ▲湖北、重庆碳市场投入运行。
2015 年	▲巴黎气候变化大会召开,各缔约方通过《巴黎协定》,明确将全球平均气温升幅控制在工业化前水平以上低于 2℃内,并努力实现将气温升幅限制在工业化前水平以上1.5℃内的目标;使资金流动符合温室气体低排放和气候适应型发展的路径;此外,《巴黎协定》通过强调"自愿性""渐进性"原则最终使得各方都能接受。	▲2015 年 6 月 30 日,中国政府向《联合国气候变化框架公约》秘书处提交应对气候变化国家自主贡献文件《强化应对气候变化行动——中国国家自主贡献》。 ▲2015 年 9 月 25 日,习近平和奥巴马共同发表了《中美元首气候变化联合声明》,其中中国计划 2017 年启动全国碳排放权交易市场,覆盖钢铁、电力、化工、建材、造纸和有色金属等重点工业行业,承诺将推动低碳建筑和低碳交通。

续表

时间	国际气候领域发展纪事	中国碳市场发展纪事
2016 年	▲2016 年 4 月 22 日,170 多个国家领导人齐聚纽约联合国总部,共同签署《巴黎协定》。 ▲2016 年 10 月,在蒙特利尔召开的国际民航组织第 39 届大会,通过了《国际民航组织关于环境保护的持续政策和做法的综合声明—气候变化》和《国际民航组织关于环境保护的持续政策和做法的综合声明—全球市场措施机制》两份重要决议,确定了"国际航空碳抵销及减排机制"的实施框架,建立了第一个全球性行业市场减排机制。 ▲2016 年 11 月 4 日,《巴黎协定》生效。 ▲2016 年 11 月 7 日,联合国马拉喀什气候大会召开。该大会的一大目标即确立《巴黎协定》之后的规则,为履行协定的主要承诺制定流程;同时,发达国家此前承诺至 2020 年前每年拿出 1000 亿美元资金帮助发展中国家应对气候变化,也在此次会议中得到落实。	▲2016 年 1 月发布《国家发展改革委办公厅关于切实做好全国碳排放权交易市场启动重点工作的通知》,启动建立碳市场的预先准备工作,全国碳排放权交易市场第一阶段将涵盖石化、化工、建材、钢铁、有色、造纸、电力、航空等重点排放行业。 ▲2016 年 4 月 27 日,全国首个碳排放权现货远期交易产品在湖北武汉上线。 ▲2016 年 11 月 4 日,国务院日前印发《"十三五"控制温室气体排放工作方案》,对"十三五"时期应对气候变化、推进低碳发展工作做出全面部署。 ▲2016 年 12 月,福建碳市场启动。
2017 年	▲2017 年 6 月 1 日,美国总统特朗普宣布美国退出《巴黎协定》。 ▲2017 年 11 月 6 日,联合国波恩气候变化大会召开。会议未能达成原定目标——各成员国没有拿出切实可行的路线图说明如何完成减排目标,发达国家也没有说明援助资金将如何落实;由于美国的退出,绿色基金缺乏资金来源,会议设立了"塔拉诺阿"对话机制,但是由于群龙无首,各国均寄希望于 2018 年与 2019 年的会议。	▲2017 年 12 月,经国务院同意,国家发改委印发了《全国碳排放权交易市场建设方案(发电行业)》。 ▲2017 年 12 月 19 日,国家发改委组织召开全国碳排放交易体系启动工作电视电话会议以及新闻发布会,介绍《全国碳排放权交易市场建设方案(发电行业)》具体内容并做出动员部署。这标志着中国碳排放交易体系完成了总体设计,正式启动。

续表

时间	国际气候领域发展纪事	中国碳市场发展纪事
2018 年	▲联合国卡托维兹气候变化大会召开,缔约国就《巴黎协定》的规则书"文本"达成共识,但是针对全球统一碳市场的讨论由于巴西的坚决反对而被推到下一届大会讨论;中国在大会上做出重要让步,同意放弃《京都议定书》以来的双轨制。	▲2018 年 3 月,十三届全国人大一次会议审议通过国务院机构改革方案,应对气候变化和减排职责由国家发改委转入生态环境部,后者将继续推进全国碳排放权交易市场的建设。 ▲2018 年 5 月,证监会官网披露,将借鉴国际经验,研究发展碳期货。 ▲2018 年 5 月,国家自愿减排交易注册登记系统完成系统升级并开通运行。
2019 年	▲2019 年 12 月 2 日,联合国马德里(原地点为智利)气候变化大会召开,与会各国最终没有就重大问题达成一致,其中包括卡托维兹气候变化大会遗留的关于《巴黎协定》第六条的实施细则,即各国如何通过市场机制开展国际碳减排合作。 ▲2019 年 12 月,欧盟委员会发布《欧洲绿色协议》,该协议被视为欧盟的新发展策略,该协议旨在使欧盟于 2050 年之前实现碳中和。	▲2019 年 8 月 30 日,生态环境部应对气候变化司司长李高表示,下一步要把应对气候变化的目标任务纳入"十四五"规划纲要。 ▲2019 年 11 月 27 日,生态环境部应对气候变化司司长李高在国务院新闻办公室举行的新闻发布会上透露,一系列碳市场制度体系建设文件将会加快出台。
2020 年	▲2020 年 7 月,欧盟发布《欧盟氢能战略》,将"绿氢"作为欧盟未来发展的重点。 ▲2020 年 9 月,中国宣布力争在 2060 年前实现碳中和的目标,此后日本和韩国也相继承诺到 2050 年实现零碳排放。 ▲2020 年 11 月,美联储发布《金融稳定报告》,并首次将气候变化风险纳入《金融稳定报告》。12 月,美联储表示已正式加入中央银行国际网络(NGFS)共同应对气候变化。	▲2020 年 10 月,《关于促进应对气候变化投融资的指导意见》出台,为全国碳排放权交易市场建设奠定顶层设计基础。 ▲2020 年 11 月,生态环境部公开征求《全国碳排放权交易管理办法(试行)》(征求意见稿)和《全国碳排放权登记交易结算管理办法(试行)》(征求意见稿)意见,推进全国碳排放权交易市场建设。

续表

时间	国际气候领域发展纪事	中国碳市场发展纪事
2021年	▲2021年2月,美国正式重返《巴黎协定》。 ▲2021年11月,格拉斯哥联合国气候变化大会召开并达成了《格拉斯哥气候公约》,在此前两届气候变化大会谈判中始终未能取得突破的有关市场机制内容的《巴黎协定》第六条实施细则,在本届大会达成共识;化石燃料首次出现在气候协议中,各国呼吁"加快努力逐步减少有增无减的煤电和低效的化石燃料补贴"。	▲2021年1月5日,生态环境部公布《碳排放权交易管理办法(试行)》,该办法自2021年2月1日起施行。 ▲2021年7月16日,全国碳排放权交易市场正式启动上线。

3.1.1　清洁发展机制阶段(2005—2010年)

在《京都议定书》的全球气候治理背景下,中国作为发展中国家不需要承担强制减排任务,境内所有减少的温室气体排放量都可以通过《京都议定书》中的清洁发展机制转变为有价商品向被规定了强制减排任务的发达国家出售。

清洁发展机制就是《京都议定书》规定可实现碳排放权交易的三种市场机制之一。在该机制下,发达国家可以通过与发展中国家进行合作,以较低价格购买核证减排量的方式来降低减排成本。同时,发展中国家也可以在该机制下同发达国家开展合作,并借此获得技术以及资金支持。早在《京都议定书》正式生效之前的2002年,中国政府和荷兰政府就中国的第一个清洁发展机制项目内蒙古自治区辉腾锡勒风电场项目签署了合同。从2004年11月起,中国政府就开始按照有关规定正式受理清洁发展机制项目,但此时注册的清洁发展机制项目直到2005年之前都只是在中国国内注册成功。2005年6月26日,中国在联合国清洁发展机制执行理事会成功注册了第一个清洁发展机制项目,自此中国正式步入清洁发展机制阶段。

此后,中国政府先后在全国多个省份支持建立了省级清洁发展机制技术服务中心,极大地促进了清洁发展机制的理念普及和项目开发。截至 2010 年 9 月 8 日,中国在联合国清洁发展机制执行理事会成功注册了 938 个清洁发展机制项目,占全球总量的 39.7%,清洁发展机制项目的注册数量和产生的核证减排量均位居世界第一。中国逐渐发展成为全球最大的清洁发展机制卖方市场。

中国的清洁发展机制项目在经历了几年的蓬勃发展期后,后京都谈判形势的不明朗以及全球金融危机爆发等因素导致中国新清洁发展机制项目的开发速度略有减缓。2009 年,联合国清洁发展机制执行理事会开始向来自中国的清洁发展机制项目痛下杀手。在联合国清洁发展机制执行理事会第 51 次会议上,11 个来自中国的清洁发展机制项目被拒绝注册,联合国清洁发展机制执行理事会认为,这些项目不能清楚地解释适用政策的费用,如果无法提供一个数量化的评估,就不能评估产生费用的合理性,就不能通过注册。同年召开的哥本哈根世界气候大会的草草收场,使得即将于两年后到期的《京都议定书》中的减排协议面临着无路可走、无法可依的状况,整个清洁发展机制行业的发展前途变得扑朔迷离。

此后,中国的清洁发展机制项目在国际上屡屡受挫,继 2009 年 12 月砍掉中国 10 个清洁发展机制项目之后,联合国清洁发展机制执行理事会又在 2010 年 8 月、2010 年 9 月分别拒绝了 20 个、8 个来自中国企业的清洁发展机制项目。中国的清洁发展机制项目注册数量和成功率均大幅下滑,2015 年之后再无新的清洁发展机制项目注册。

尽管清洁发展机制之路愈行愈难,到后来甚至无路可走,但是在开展实施清洁发展机制的这一阶段,中国作为全球最大的清洁发展机制卖方,在不断开发多种类型清洁发展机制项目的过程中大幅提升了本国企业的减排意识,推进了绿色减排技术的进步和发展,也埋下了通过市场化机制来解决碳减排问题的种子。同时,中国还在与发达国家的合作中逐渐积累了一定的气候治理技术和资金,这些都为促进后续碳交易市场的发展打下基础。

3.1.2 地方试点碳市场阶段(2011—2020 年)

随着《京都议定书》减排协议的门庭冷落和清洁发展机制发展态势的日益萎靡,中国开始转向发展碳交易市场。2010 年 10 月,《国务院关于加快培育和发展战略性新兴产业的决定》中首次明确提出要建立和完善碳排放交易制度体系。到 2011 年 10 月 29 日,《国家发展改革委办公厅关于开展碳排放权交易试点工作的通知》下发,北京、天津、上海、重庆、广东、湖北、深圳 7 个省市将开展碳排放权交易试点,中国碳市场的发展正式由清洁发展机制阶段进入碳交易市场试点阶段。

2013 年 6 月,深圳碳市场率先建立,北京、上海、广东、天津的碳市场随后相继启动。湖北碳市场和重庆碳市场在 2014 年先后启动。2016 年年末,福建省全面对接全国碳排放权交易市场总体思路,启动碳交易市场,这成为中国的第八个地方试点碳市场。需要提醒的是,于 2016 年正式启动的四川并非试点地区,故而四川联合环境交易所是通过国家温室气体自愿减排交易机构备案的全国非试点地区的第一家碳交易机构。准确而言,中国目前的地方试点碳市场格局应该是"八大试点,九个市场"。

从 2011 年到 2020 年的 10 年里,这些各具特色的地方试点碳市场依据自身情况探索了行业覆盖范围、配额总量设定和分配、履约机制等碳交易体系设计的核心要素,为全国碳排放权交易市场的建设提供了丰富的极具参考价值的实践经验。在地方试点碳市场的日渐成熟和完善过程中,中国逐步推进了全国碳排放权交易市场的建设进程。

早在 2011 年发布的《中华人民共和国国民经济和社会发展第十二个五年规划纲要》和《"十二五"控制温室气体排放工作方案》中,就已经明确了要推动实现建立全国碳排放权交易市场的目标。2014 年国家发改委组织起草的《碳排放权交易管理暂行办法》进一步为全国碳排放权交易市场的形成做好了铺垫。自 2016 年起,全国碳排放权交易市场筹建进度加快。2016 年 1 月,国家发布《国家发展改革委办公厅关于切实做好全国碳排放权交易市场启动重点工作的通知》,启动了全国碳排放权交易市场建设的预先准备工作。2017 年 12 月,经国务院同意,国家发改委发布《全国碳排放权交易市场建设方案(发电行业)》,提出"稳步推进建立全国统一的碳市场",宣告了中国的碳排放交易体系已经完成了总体设计。2020 年,《关于促进应对气候变化投融资的指导意见》及《全国碳排放权交易管理办法(试行)》(征求意见稿)、《全国碳排放权登记交易结算管理办法(试行)》(征求意见稿)等文件相继公布,全国碳排放权交易市场的建设步伐更进一步! 2021 年 5 月,生态环境部发布《碳排放权登记管理规则(试行)》《碳排放权交易管理规则(试行)》和《碳排放权结算管理规则(试行)》三份文件,进一步规范了全国碳排放权登记、交易以及结算活动。2021 年 7 月 16 日,全国碳排放权交易市场正式开市。

中国碳排放权交易市场建设可谓"十年磨一剑",由"地方"试点碳市场向"全国"碳市场发展,成为实现碳中和愿景的重要政策工具。在全国碳排放权交易市场正式上线后,地方试点碳市场仍将与全国碳排放权交易市场保持并存状态。全国碳排放权交易市场启动后,尚未被纳入行业的企业可以继续在地方试点碳市场进行交易,被纳入全国碳排放权交易市场的重点排放单位不再参与地方试点碳市场。不过,生态环境部相关新闻发言表示,在全国碳排放权交易市场建立的情况下,后续将不再支持地方新增试点,现有试点可以在现有基础上进一步深化,同时要做好区域碳市场向全国碳市场过渡的相关准备工作。

3.1.3 全国碳排放权交易市场发展阶段(2021—2025 年)

为实现碳达峰、碳中和目标,中央经济工作会议将"做好碳达峰、碳中和工作"作为 2021 年要抓好的重点任务。在此背景下,全国碳排放权交易市场于2021 年 7 月 16 日正式上线启动,中国碳交易发展进程正式进入一个新纪元。

全国碳排放权交易市场自 2021 年 7 月 16 日正式启动上线交易至 2021 年12 月 31 日,顺利完成首个履约周期。首期全国碳排放权交易市场共纳入发电行业重点排放单位 2162 家,覆盖除西藏、香港、澳门、台湾以外的全国 30 个省(区、市),累计运行了 114 个交易日,碳排放配额累计成交量 1.79 亿吨,累计成交额 76.61 亿元。按履约量计,履约完成率为 99.5%。全国碳排放权交易市场总体情况向好,促进温室气体减排和推动经济社会绿色低碳转型的作用初步显现。同时,由于全国碳排放权交易市场才刚迈出第一步,尚处于初期启动阶段,相关制度体系的建立以及市场经验也还存在着不足。

结合全国碳排放权交易市场在第一个履约周期内的运行情况来进行分析,可以归纳出其在初期运行阶段主要呈现了以下几个特点。

一是中国碳市场成为全球最大碳市场。《碳排放权交易管理规则(试行)》显示,全国碳排放权交易主体包括重点排放单位以及符合国家有关交易规则的机构和个人。在全国碳排放权交易市场初期运行阶段,只有重点排放单位参与交易,其他机构和个人暂时未能参与交易。在第一个履约周期内,首批被纳入管理的是发电行业 2162 家重点排放单位,仅这些企业的二氧化碳排放总量就超过 40 亿吨/年。此外,全国碳排放权交易市场已经明确将于"十四五"期间逐步纳入石化、化工、建材、钢铁、有色金属、造纸和国内民用航空余下 7 个高耗能行业。这意味着,全国碳排放权交易市场在初期运行阶段就将成为全球覆盖温室气体排放量规模最大的碳市场。

二是履约期效应明显。在第一个履约期内,全国碳排放权交易市场的碳价格从最初高于市场预期的 48 元/吨的开盘价一度跌至 38.5 元/吨,后面随着履约期的临近,成交量和成交总额双双走高,甚至在 2021 年 12 月 30 日攀到过 62.26 元/吨的高位,最终在 2021 年 12 月 31 日以 54.22 元/吨的收盘价结束。

三是本阶段全国碳排放权交易市场的基本属性总体上是基于碳排放强度的碳市场。中国作为一个尚未完全实现工业化的发展中国家,经济社会还将经历一段中高速的发展期,如果像欧盟碳市场一样通过总量控制与交易机制来控制碳排放就会限制产量,影响经济增长速度。基于碳排放强度来实现气候治理目标的碳市场,是与当前中国的经济增长特征和发展需求相契合的。换个角度来看,中国碳市场的配额管理并非完全没有总量限制。中国是根据"严控增量"的原则来设定全国碳排放权交易市场的配额总量的,国家每 1~2 年都会出基准值,对每个行业的产量都有预期,这个预期产量乘以相应的碳排放强度就形成了所谓的"总量上限"。只不过这样的"总量"相对欧盟碳市场来说要显得更为灵活和更有弹性。

四是配额分配以基于行业碳排放基准的免费配额分配方法为主。随着全国碳排放权交易市场的不断成熟完善以及更多行业(比如水泥和电解铝等行业)加入碳市场交易,中国碳市场将在条件成熟的行业适时引入拍卖配额分配方法。到 2023 年,中国碳市场预计会采取混合型的配额分配制度,免费分配和有偿分配并举。

在"十四五"时期的后续几年,相信中国碳市场会日臻完善,包括实行统一规范的行业标准、交易监管机制,形成制度规则统一的全国碳排放权交易市场,八大高耗能行业的近 8000 家企业将被纳入全国碳排放权交易市场,市场交易活跃程度会大大提升,碳期货、碳期权等衍生品也将加快创新。

3.1.4 全国碳排放权交易市场发展完善阶段(2026—2030 年)

结合海外主流碳交易市场发展经验和中国碳市场建设初期的规划思路,2026—2030 年将成为全国碳排放权交易市场的发展完善阶段。在这一阶段,中国碳市场将进一步提高覆盖行业和参与企业数量,到 2030 年将全国碳排放权交易市场所覆盖的二氧化碳排放量在全国碳排放总量中的占比提高到 70%左右。随着全国碳排放权交易市场覆盖范围的不断扩大和交易机制的日渐成熟完善,全国碳排放权交易市场将在本阶段发展成为一个混合型的碳市场,既有基于强度的属性,也有基于总量的属性。根据"稳中有降"的原则,设定全国碳排放权交易市场的配额总量。在电力碳市场机制建设基本完成的情况下,不断提高发电行业碳配额拍卖的比例;制造业以采用基于行业碳排放基准的免费配额分配方法为主,但要进一步提高行业碳基准的严格程度;对于不会造成明显碳泄漏的行业,适时引入拍卖配额分配方法。

当然,除去在清洁发展机制阶段参与国际碳市场的时期,对中国碳市场的发展历程可以采用另一种分法——九城时代、双城时代、三城时代、四城时代，即"9—2—3—4"。

九城时代：2011 年 10 月 29 日，《国家发展改革委办公厅关于开展碳排放权交易试点工作的通知》下发，北京、天津、上海、重庆、广东、湖北、深圳七省市将开展碳排放权交易试点。2013 年 6 月，深圳、北京、上海、广东、天津的地方试点碳市场随后相继启动。湖北和重庆碳市场在 2014 年先后启动。2016 年，福建和四川也纷纷建成碳市场。因此，九城时代指的是中国碳市场"四省五市"的试点时期。

双城时代，即"上海＋武汉"的全国统一强制碳交易时代，中国碳市场顶层设计开启"双城"模式。在架构设计方面，中国碳市场以上海和湖北指定的实施机构为主导，其他联建省市自愿共同参与的方式运行。其中，上海环境能源交易所负责全国碳排放权交易机构系统及机构建设，湖北武汉碳排放权交易中心负责全国碳排放权注册登记结算系统及机构建设。湖北武汉碳排放权交易中心主要承担碳排放权的确权登记、交易结算、分配履约等业务，是碳资产的"银行"和"仓库"。上海环境能源交易所负责全国碳资产的交易，更像是碳资产的"交易柜台"。

三城时代，即"上海＋武汉＋北京"的"三城"模式。相比"双城时代"，"三城时代"标志着中国"两个市场"框架基本成熟，即上海、武汉承担全国强制性碳排放权交易市场，而北京将成为自愿性碳排放权交易市场的主战场，交易标的将是国家核证自愿减排量（CCER）。笔者个人预计，随着北京绿色交易所的调整以及国家核证自愿减排量交易的开启，"三城时代"将很快到来。

四城时代，即"上海＋武汉＋北京＋三亚"的时代。相比"三城时代"，"四城时代"将开启碳交易的国际篇章。三亚将有望成为连接国内、国际市场，抢占国际碳交易制高点的重要堡垒。届时更有层次的"9—2—3—4"碳市场体系,将逐步走向成熟。

3.2 中国地方试点碳市场

政策试点制度,极具中国特色,是中国特色社会主义经济理论和实践得以形成和发展的重要法宝。用"先行先试、典型示范、以点促面、点面结合、逐步推广"的思路推动改革开放,是迈开步子找路子,更是创新发展防风险。对此,习近平提出:"抓好试点对改革全局意义重大。要认真谋划深入抓好各项改革试点,坚持解放思想、实事求是,鼓励探索、大胆实践,敢想敢干、敢闯敢试,多出可复制可推广的经验做法,带动面上改革。"①在碳市场建设上,政策试点制度同样发挥着极其重要的作用。

地方试点碳市场源于 2011 年 10 月下发的《国家发改委办公厅关于开展碳排放权交易试点工作的通知》。北京、天津、上海、重庆、湖北、广东和深圳七家地方试点碳市场于 2013 年陆续启动。2016 年,福建和四川也启动建设本省的碳市场。全国碳交易市场区域范围跨越中国东、中、西部,各试点经济结构、资源禀赋各有不同,九地碳市场在超过 10 年的发展完善过程中覆盖了电力、钢铁、水泥等 20 多个行业的近 3000 家重点排放单位,为全国碳排放权交易市场的建设提供了多层次参照和丰富经验(表 3-2,表 3-3)。

———————————

① 《人民日报》,2017 年 5 月 24 日。

表 3-2　"四省五市"地方试点碳市场配额现货累计成交概览(截至 2020 年 12 月)①

地区	启动时间	成交总量/万吨	成交总额/亿元	成交均价/(元·吨⁻¹)
北京	2013 年	1445	9	62
上海	2013 年	1665	5	30
天津	2013 年	824	2	22
广东	2013 年	7287	15	21
深圳	2013 年	2666	7	27
湖北	2014 年	7205	16	22
重庆	2014 年	866	0.5	6
福建	2016 年	2750	7.82	20
四川	2016 年	—	—	—

表 3-3　地方试点碳市场纳入行业对比

地区	纳入碳市场管控的行业
北京	企业、事业单位、国家机关及其他单位为重点排放单位[纳入行业没有明确限制,年度排放量在 5000 吨二氧化碳(含)以上的均纳入]
上海	工业(钢铁、石化、化工、有色、电力、建材、纺织、造纸、橡胶、化纤),交通(航空、港口、水运),建筑(商场、宾馆、商务办公、机场、铁路站点)
广东	电力、水泥、钢铁、石化、造纸、民航、数据中心、建筑、交通、纺织、陶瓷
深圳	能源行业(供电、供气行业)、供水行业、公交行业、地铁行业、港口码头行业、危险废物处理行业、大型公共建筑和制造业

---

① 数据来源:北京、上海、天津、广东、深圳、湖北、重庆碳排放权交易所官网。

续表

地区	纳入碳市场管控的行业
湖北	电力、钢铁、石化、水泥、化工、热力、玻璃及其他建材、有色金属和其他金属制品、汽车制造、医药、造纸、化纤等
天津	电力、热力、钢铁、化工、石化、油气开采、建材、造纸、航空
重庆	电力、电解铝、铁合金、电石、烧碱、水泥、钢铁
福建	石化、化工、建材、钢铁、有色、造纸、电力、航空、陶瓷
四川	钢铁、水泥、造纸、白酒、建筑、陶瓷、化工（反合成氨）

资料来源：路孚特、公开资料整理

除北京和深圳两个碳市场以外，其他地方试点碳市场的管控对象主要以电力、钢铁、水泥、建材等传统高耗能、高排放行业为主，且传统高耗能、高排放行业管控对象占据地方试点碳市场的绝大部分配额。

而按照全国碳排放权交易市场的设计，地方试点碳市场纳入管控的传统高耗能、高排放行业也是全国碳排放权交易市场的管控行业。目前全国碳排放权交易市场将电力行业纳入管控后，原先被地方试点碳市场纳入管控的电力企业已经进入全国碳排放权交易市场，不再受地方试点碳市场的约束。因此，随着全国碳排放权交易市场管控范围的不断扩大，地方试点碳市场管控的传统高耗能、高排放行业将脱离地方试点碳市场，进入全国碳排放权交易市场，这将大幅缩减地方试点碳市场的管控数量及配额规模。而管控数量，尤其是配额规模的大幅降低将对地方试点碳市场产生较大影响。

3.2.1 北京碳市场

北京碳市场纳入的控排企业最多,交易产品最为丰富,已经初步建立起具有较牢固基础的高水平碳市场,是表现较好的市场之一。

自 2013 年 11 月 28 日北京碳市场开市至今,纳入管理的重点碳排放单位达 831 家,覆盖了发电、热力、水泥、石化、交通业、其他工业和服务业以及事业单位共 8 个行业,覆盖排放比例达到 40%。截至 2021 年年底,北京碳市场各类产品累计成交量达 9336.77 万吨,累计成交额 30.03 亿元。

相较于国内其他碳市场,北京碳市场的碳价较高、趋势性波动较小,市场参与主体活跃,成交量、成交额居于地方试点碳市场前列,碳配额年度成交均价始终稳定在 50～70 元/吨,且整体呈现逐年上升趋势。这样的碳市场更能够为控排企业提供稳定的减排预期,有利于激励企业推进节能减排,更充分地发挥碳市场的作用。在"十三五"时期,北京市碳强度下降了 23% 以上,超额完成了减排目标。"制度完善、市场规范、交易活跃、监管严格"的北京碳市场为全国碳排放权交易市场的进一步完善提供了极具参考价值的运行经验,主要有以下几点。

一是,碳市场的稳定运行离不开完备的制度保障。北京是全国各试点省市中率先开展执法工作的碳市场试点地区。启动之始,由于国家尚未出台碳交易的法律法规,北京碳市场坚持立法先行,建立了"1＋1＋N"的法规政策体系,除了 2013 年 12 月发布的《北京市人民代表大会常务委员会关于北京市在严格控制碳排放总量前提下开展碳排放权交易试点工作的决定》以及 2014 年 5 月发布的《北京市碳排放权交易管理办法(试行)》,相关主管部门还制定出台了配额核定方法、核查机构管理办法、场外交易实施细则、公开市场操作管理办法、碳排放权抵销管理办法等配套政策与技术支撑文件,使得北京市碳排放权交易有法可依。

二是,严格控排要求,覆盖控排主体范围不断扩大。北京碳市场的行业控排门槛在 2013—2015 年是固定设施二氧化碳年排放总量 1 万吨以上,2016 年被修改为固定设施和移动设施年排放总量二氧化碳 5000 吨以上的重点排放单位,覆盖的行业既包括电力、热力、水泥、石化等高能耗、高碳排的工业行业,也包括服务行业以及高校、政府机关等公共机构和事业单位,控排企业主体从2013 年的 400 余家增加至 2020 年的 800 多家,是 9 个地方试点碳市场中覆盖主体最多的碳市场之一。随着碳交易覆盖的行业越来越广泛,北京碳市场的流动性和运行效率皆有所提升。

三是,碳配额分配兼顾历史与对标先进,实现适度从紧、合理分配。北京碳市场碳配额全部采用免费分配与不定期拍卖组合的方式。对既有排放设施,配额核算方法主要采用历史基数法或历史强度法,对部分基础条件较好的行业,如火电和热电联产设施采用基准线法(标杆法);水泥、石化和其他行业的配额核算方法则由历史法过渡到基准线法。对所有设施按年度设置0.90~1 不等的控排系数收紧数值,确保配额总量下降。对新增设施采用行业先进值法计算,绝大部分新增设施获得的配额量不足。北京碳市场通过以上方法进行碳配额分配,实现了北京地区碳配额总量供应偏紧、需求较为旺盛的良好态势,有效地保证了碳价高位,强化了碳交易对企业节能减排工作的激励作用。

四是,严格监管执法,碳市场调节机制灵活可控。北京碳市场对监管执法以及市场调节机制等做了详细规定。其中,碳市场的监管执法由北京市节能监察大队负责,对未完成履约的控排主体根据其违规碳排放量,按照市场均价的3～5 倍予以处罚。此外,主管部门还会在每年的履约日后通过媒体曝光未完成履约的企业,责令其在限期内整改。在市场调节机制上,北京市规定了碳市场的抵销机制比例上限不高于其当年核发碳排放权配额量的 5％,并实行交易价格预警机制——当线上公开交易价格超过 150 元/吨时,将触发碳排放配额的临时拍卖程序以调节价格;当线上公开交易价格低于 20 元/吨时,北京市应对气候变化研究中心将对碳排放配额采取回购行为。

五是,积极探索绿色金融产品创新,碳市场结构层次丰富。近年来,北京在绿色金融产品创新领域不断探索,碳市场的产品种类越发丰富,截至 2021 年年底(表 3-4),北京碳市场上的碳交易种类包括配额(BEA)、CCER、林业碳汇(FCER)、绿色出行减排量(PCER),四种碳产品的成交额分别占 2021 年北京碳市场总成交额的 34.44％、65.42％、0.01％、0.13％,形成了以碳排放配额和国家核证自愿减排量为基础、多种产品共存的区域性多样化碳排放权交易市场。此外,包括回购融资、置换等在内的多种交易结构也日趋成熟并被市场广泛接受,充分满足了各类碳交易参与主体的多样化需求。

2021 年 11 月,《国务院关于支持北京城市副中心高质量发展的意见》提出:"推动北京绿色交易所在承担全国自愿减排等碳交易中心功能基础上,升级为面向全球的国家级绿色交易所,建设绿色金融和可持续金融中心。"由此,北京绿色交易所正在推进包括开发建设登记系统和交易系统、搭建交易规则体系、筹备成立自愿减排联盟等在内的相关工作,还从绿色债券、绿色金融标准、气候投融资服务平台三方面推进绿色金融相关工作。

表 3-4 2021 年北京碳市场各类产品交易情况①

交易月份	配额			国家核证自愿减排量			林业碳汇			绿色出行减排量		
	成交量/万吨	成交额/万元	成交均价/(元·吨⁻¹)	成交量/万吨	成交额/万元	成交均价/(元·吨⁻¹)	成交量/万吨	成交额/万元	成交均价/(元·吨⁻¹)	成交量/万吨	成交额/万元	成交均价/(元·吨⁻¹)
1 月	4.44	186.88	42.10	—	—	—	—	—	—	—	—	—
2 月	1.41	54.30	38.51	3.63	3.63	1.00	—	—	—	—	—	—
3 月	16.69	781.02	46.80	—	—	—	—	—	—	—	—	—
4 月	12.15	506.57	41.69	—	—	—	—	—	—	—	—	—
5 月	14.75	695.47	47.15	3.00	21.35	7.12	—	—	—	—	—	—
6 月	14.31	774.02	54.09	0.70	20.76	29.66	0.20	11.44	57.20	—	—	—
7 月	39.86	1564.68	39.25	8.53	164.70	19.31	—	—	—	—	—	—
8 月	47.06	2186.31	46.46	63.93	1766.19	27.63	—	—	—	—	—	—
9 月	266.28	18029.84	67.71	6.68	56.21	8.41	—	—	—	0.95	47.33	49.82
10 月	139.07	9993.75	71.86	7.20	284.01	39.45	—	—	—	1.50	75.00	50.00
11 月	33.26	1426.67	42.89	414.50	13954.00	33.66	—	—	—	—	—	—
12 月	5.90	277.36	47.01	1427.19	53009.41	37.14	—	—	—	0.21	10.21	48.62
总计	595.18	36476.87	61.29	1935.36	69280.26	35.80	0.20	11.44	57.20	2.66	132.54	49.83

---

① 数据来源:成交量、成交额数据来自北京市碳排放权电子交易平台,成交均价根据前两项数据计算得出,结果保留两位小数。

3.2.2　上海碳市场

上海是全国最早启动地方试点碳市场的地区之一,于 2013 年 11 月启动,到本书出版时已经稳定运行了 9 年,已初步形成了较为完整的碳排放权交易制度和体系,同武汉分别牵头承担起了全国碳排放权交易市场的交易系统和注册登记结算系统的建设运维重任。随着中国碳排放权交易从地方试点市场逐步向全国统一市场推进,上海碳市场的制度体系建设以及运行经验对全国碳排放权交易市场的建设完善极具参考价值。

一是,上海碳市场建设始终保持制度先行。上海碳市场在正式启动前,已构建了由《上海市碳排放管理试行办法》以及《上海市人民政府关于本市开展碳排放交易试点工作的实施意见》组成的法律制度框架,形成了一套市政府、主管部门和交易所三个层级的管理制度。自启动运行至今的 9 年时间里,上海碳市场的各类管理制度及技术方法经过充分研究后陆续出台。其中,市级碳交易主管部门制定出台的配额分配方案、企业碳排放核算方法及核查工作规则相关文件,明确了上海碳市场中配额分配、碳排放核算、第三方核查等制度的具体技术方法和执行规则;上海环境能源交易所制定发布《上海环境能源交易所碳排放交易规则》和会员管理、风险防范、信息发布等配套细则,明确了交易开展的具体规则和要求。不断完备的制度规范和指导了上海碳市场各项工作的开展,确保上海碳市场的运行"有法可依、有矩可循"。

二是,纳入控排主体范围不断扩大。上海碳市场在启动初期,共纳入了钢铁、电力、化工等 16 个工业及非工业行业的 191 家企业。2016 年以后,考虑进一步加强碳排放管理力度,纳入管理的行业及企业范围逐步扩大,目前已纳入上海年排放 2 万吨以上的所有工业企业,航空、港口、水运等高排放非工业企业及机场、商场、宾馆、商务办公建筑和铁路站点等建筑。

三是,配额分配尽可能兼顾科学、公平和可操作性。上海结合碳市场不同阶段的数据基础和管理能力,不断优化配额分配方案,从基于行业或企业历史排放量的历史基数法起步,逐步向基于效率的历史强度法和基准线法过渡,使配额分配方法尽可能兼顾科学、公平和可操作性,逐步形成较为公平且符合上海实际的配额分配方法。目前上海碳市场的控排企业中,除部分严格控制的高排放单位和产品结构非常复杂的单位仍采用历史基数法外,均采用基于企业排放效率及当年度实际业务量的历史强度法或基准线法开展分配。上海碳市场碳配额的发放方法上则由全部免费转向免费分配与不定期拍卖结合。

四是,严格监管督查,强化碳交易服务支撑。上海碳市场形成了由政府部门、交易所、核查机构、执法机构等构成的多层次监管架构,对控排企业的监测报告核查注重方法科学合理、管理严格规范,逐步形成了一套较为科学、具有可操作性的核算方法和核查制度。在重视科学合理的技术方法方面,上海率先制定出台《上海温室气体排放核算与报告指南(试行)》及钢铁、电力、航空等 9 个行业的碳排放核算方法,明确了核算边界、核算方法以及年度监测和报告要求;在严格保障核查机构管理能力方面,上海出台了《上海市碳排放核查第三方机构管理暂行办法》《上海市碳排放核查工作规则(试行)》等一系列的核查管理制度,并对核查人员进行持证管理和持续的专业技能培训;此外,上海还委托专门机构对核查报告进行复核,通过第四方复查机制进一步保障数据准确有效。

五是,坚持市场化走向,采取完全公开透明的市场化方式运作。上海碳市场的建设吸纳了上海各类金融市场的建设运行经验,制定了"1+6"的交易规则和细则体系,在市场运行和市场管理上遵循政府尽量不干涉的原则,交易价格通过市场形成,不实行固定价格或最高、最低限价,但有涨跌幅限制,市场规则完整清晰,交易行情公开透明,通过行情客户端向全市场公开。上海碳市场的交易产品包括上海碳排放配额(SHEA)和国家核证自愿减排量(表3-5);在交易模式上采取公开竞价或协议转让的方式,且所有交易都是场内交易,不设场外交易;交易资金由第三方银行存管,结算由上海环境能源交易所统一组织。

表 3-5   2021 年上海碳市场各类产品交易情况①

交易月份	配额			国家核证自愿减排量		
	成交量/万吨	成交额/万元	成交均价/(元·吨⁻¹)	成交量/吨	成交额/元	成交均价/(元·吨⁻¹)
1 月	14.13	575.87	40.76	5.00	190.00	38.00
2 月	2.03	83.80	41.28	—	—	—
3 月	3.26	135.20	41.47	—	—	—
4 月	1.15	47.73	41.50	200.00	6500.00	32.50
5 月	5.38	214.45	39.86	250.00	9500.00	38.00
6 月	18.29	724.76	39.63	—	—	—
7 月	1.25	49.43	39.54	—	—	—
8 月	8.30	335.37	40.41	—	—	—
9 月	43.06	1726.49	40.09	—	—	—
10 月	0.32	12.80	40.00	—	—	—

① 数据来源:成交量、成交额数据来自上海环境能源交易所,成交均价根据前两项数据计算得出,结果保留两位小数。

续表

交易月份	配额			国家核证自愿减排量		
	成交量/万吨	成交额/万元	成交均价/(元·吨⁻¹)	成交量/吨	成交额/元	成交均价/(元·吨⁻¹)
11 月	16.28	659.32	40.50	—	—	—
12 月	13.97	568.04	40.66	200.00	6930.00	34.65
总计	127.43	5133.26	40.28	655.00	23120.00	35.30

3.2.3　天津碳市场

天津作为中国首批 7 个碳排放权交易试点省市之一,自 2013 年启动碳排放权交易,在政策措施、市场运行、监督管理等方面开展了一系列探索,建立了规范有序的碳市场,碳市场活力稳步提升,发展势头强劲,碳排放履约率连续 6 年达到100%。2021 年,天津碳市场的成交量为 5074 万吨,位居全国第二(表 3-6)。

表 3-6　2021 年天津碳市场交易情况①

交易月份	配额(TJEA)						国家核证自愿减排量					
	成交量/万吨		成交额/万元		成交均价/(元·吨⁻¹)		成交量/万吨		成交额/万元		成交均价/(元·吨⁻¹)	
	线上交易	协议交易	线上交易	协议交易	线上交易	协议交易	线上交易	协议交易	线上交易	协议交易	线上交易	协议交易
1 月	18.45	—	476.43	—	25.83	—	84.79	0.00	—	—	—	—
2 月	40.16	6.41	1050.29	166.53	26.15	25.98	76.82	18.81	—	—	—	—

①　数据来源:原始数据来自天津排放权交易所官网,表中数据由笔者根据原始数据整理计算所得,结果保留两位小数。

续表

交易月份	配额(TJEA)						国家核证自愿减排量					
	成交量/万吨		成交额/万元		成交均价/(元·吨$^{-1}$)		成交量/万吨		成交额/万元		成交均价/(元·吨$^{-1}$)	
	线上交易	协议交易	线上交易	协议交易	线上交易	协议交易	线上交易	协议交易	线上交易	协议交易	线上交易	协议交易
3 月	33.19	—	740.61	—	22.32	—	90.77	63.72	—	—	—	—
4 月	9.93	—	266.97	—	26.89	—	351.20	64.00	—	—	—	—
5 月	10.83	—	312.57	—	28.87	—	104.00	23.59	—	—	—	—
6 月	266.91	194.64	8701.51	6018.52	32.60	30.92	257.74	45.30	—	—	—	—
7 月	—	—	—	—	—	—	171.77	9.40	—	—	—	—
8 月	5.21	—	150.03	—	28.78	—	71.98	14.53	—	—	—	—
9 月	—	—	—	—	—	—	408.66	5.00	—	—	—	—
10 月	0.41	—	10.82	—	26.72	—	659.42	60.00	—	—	—	—
11 月	0.10	—	2.80	—	28.00	—	707.53	7.99	—	—	—	—
12 月	—	—	—	—	—	—	436.77	478.11	—	—	—	—
总计	385.18	201.05	11712.03	6185.05	30.41	30.76	3421.44	790.45	—	—	—	—

　　天津碳市场以可持续发展为目标,从建立至今,已初具规模。相较于其他国内碳市场,天津碳市场的碳价较低、趋势性波动较大。但在近两年里,天津碳市场碳价的波动幅度较之前几年有所下降(图 3-1),控排企业减排积极性不断提升,重点行业碳排放强度和总量大幅降低,为全国碳排放权交易市场的建设贡献了天津经验。天津碳市场的建设运行经验主要可以分为以下几点。

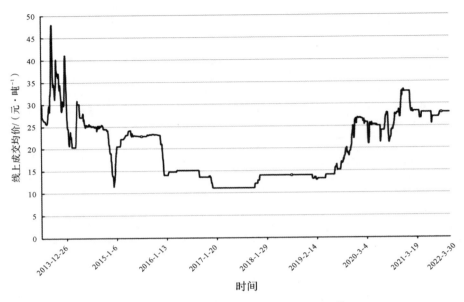

图 3-1　天津碳市场线上成交均价走势图①

　　一是,碳市场交易体系和管理制度规范。在启动之初,天津碳市场以天津市办公厅颁布的《天津市碳排放权交易管理暂行办法》作为碳排放管理和交易工作的纲领性文件,建立了配额管理、监测报告核查和交易管理的相关制度,开发建设了注册登记系统、交易系统等支撑系统,并在此后 8 年多的运行时间里,不断完善碳交易体系和管理制度。2021 年 9 月,天津市十七届人大常委会第二十九次会议审议通过了《天津市碳达峰碳中和促进条例》,该条例将和《天津市碳排放权交易管理暂行办法》一同推动天津碳市场健全报告核查、配额分配和交易管理的相关制度,进一步完善注册登记和交易等支撑系统。

　　二是,覆盖控排主体范围不断扩大。天津是中国华北地区的主要重工业基

---

　　①　图片来源:天津排放权交易所。

地,碳市场覆盖的主要行业有电力、热力、钢铁、化工、石化以及油气开采,后来几经扩展,到 2022 年 4 月天津碳市场覆盖了 15 个行业,共 160 家企业。① 2022 年,天津碳市场还将进一步扩展纳入企业范围,将电力、钢铁、化工等行业碳排放量超过 2 万吨/年的工业企业全部纳入配额管理。

三是,碳配额市场运作模式兼顾历史与对标先进。天津碳配额采用免费分配与不定期拍卖组合的方式,由天津市发改委组织相关的专业机构对纳入行业和企业的历史排放进行摸底,然后根据碳排放总量控制目标,综合考虑历史排放、行业技术特点、减排潜力和未来发展规划等因素确定配额总量,对企业进行免费的配额分配。企业根据当年排放情况以及得到的碳配额确定在碳市场中需要购买或出售的配额,并在对应履约周期结束节点前完成履约目标。其中,纳入企业未注销的配额可被结转至下一年度继续使用,有效期根据相关规定确定。天津碳市场的抵销机制比例上限不高于其当年核发碳排放权配额量的 10%。

四是,严格监管执法,碳市场调节机制灵活可控。天津碳市场对碳交易的监管与激励以及参与主体的法律责任等做了详细规定:对未按规定完成履约任务的控排主体实行"责令限期改正"的惩罚机制,规定其在三年内不得享受激励政策;对违规操纵交易价格、扰乱市场秩序的交易主体,出具虚假核查报告、违反有关规定使用或发布纳入企业商业秘密的第三方核查机构,对违反法律、法规、规章及《天津市碳排放权交易管理暂行办法》规定的交易机构及人员,由天津市发改委责令限期改正,若构成犯罪的则依法承担刑事责任;有失职、渎职或其他违法行为的相关行政管理部门工作人员,则依照国家有关规定给予处分。

---

① 数据来源:新华社。

此外,天津碳市场价格调控机制由天津市发改委负责,在交易价格出现大幅波动时,天津市发改委可启动调控机制,通过向市场投放或回购配额等方式,稳定交易价格,维护市场正常运行。

3.2.4　广东碳市场

2013 年 12 月启动运行的广东碳市场纳入电力、水泥、钢铁、石化、造纸以及民航等多个行业,共覆盖企业 245 家,覆盖排放比例达 70%,是全国各地方试点碳市场中规模最大的碳市场之一。2021 年广东碳市场碳配额成交量居于地方试点碳市场首位,全年成交 2750.58 万吨碳配额(GDEA),是全国地方试点碳市场中唯一一个碳配额成交数量突破 1500 万吨的碳市场(表 3-7)。

表 3-7　2021 年广东碳市场交易情况①

交易月份	品种	成交数量/万吨	成交金额/万元	成交均价/(元·吨$^{-1}$)
1 月	配额	95.01	2524.25	26.57
2 月	配额	68.25	2280.67	33.42
3 月	配额	190.44	5817.08	30.55
4 月	配额	226.80	7481.22	32.99
5 月	配额	707.73	25770.84	36.41
6 月	配额	434.44	17305.71	39.83
7 月	配额	645.47	27275.03	42.26
8 月	配额	99.96	3778.87	37.80

---

①　数据来源:原始数据来自广州碳排放权交易所官网,表中数据由笔者根据原始数据整理计算所得,结果保留两位小数。

交易月份	品种	成交数量/万吨	成交金额/万元	成交均价/(元·吨⁻¹)
9 月	配额	16.70	688.88	41.25
10 月	配额	9.51	413.49	43.48
11 月	配额	65.51	2922.48	44.61
12 月	配额	190.76	8612.70	45.15
总计	配额	2750.58	104871.20	38.13

　　作为全国首批的 7 个碳交易试点之一,广东碳市场率先实行配额有偿和免费发放结合、首创低碳发展红利惠、推行碳普惠机制、在碳金融领域先行试水创新,早早地闯出了一条独特的高度市场化的道路,是法规体系健全完善、监管真实有效、市场主体参与度高的地方试点碳市场,也是中国碳市场发展的先行者。其探索经验和亮点主要有以下几点。

　　一是,控排主体范围不断扩大,成交量稳居全国首位。广东碳市场最早覆盖的控排主体是来自电力、水泥、钢铁、石化四大行业中年排放量在 2 万吨以上的企业。2016 年 12 月,广东碳市场又纳入了造纸和民航两大行业,覆盖排放量占广东省全社会排放量的 70% 以上。广东碳市场的碳成交量和交易金额连续多年位居全国第一,截至 2022 年 3 月 31 日,累计成交碳排放配额 2.03 亿吨,成交金额总计达 47.93 亿元,占全国地方试点碳市场的 1/3 以上。接下来,广东碳市场还将纳入数据中心、建筑、交通、陶瓷、纺织五个新行业。

　　二是,率先尝试有偿配额竞价机制,提升碳交易活跃度。作为全国首个引入配额有偿分配机制的地方试点碳市场,广东碳市场在开市当月就完成了广东首次配额有偿发放竞价活动,直接跳过了 100% 免费发放配额的过渡期,率先通过竞价形式发放有偿碳配额。其中,电力企业免费比例为 95%,钢铁、石化、水泥企业的免费比例为97％。在过去的8个履约期中,广东碳市场坚持实行免费分配和有偿分配相结合的配额分配方法,控排企业的年度配额由省发改委根据行业基准水平、减排潜力以及企业历史排放水平,采用基准线法、历史基数法等方法来确定。

三是,严格监管执法,碳市场调节机制灵活可控。广东碳市场由2014年1月颁布的《广东省碳排放管理试行办法》作为全省碳排放管理和交易工作的纲领性文件。该办法明确规定了由省发改委责令未完成履约任务的控排主体履行清缴义务;对拒不履行清缴义务的控排主体,在其下一年度配额中扣除未足额清缴部分的2倍配额,并处5万元罚款。在市场调节方面,广东碳市场采取了"控制与预留"方式进行配额总量管理,即在对控排企业的碳排放量进行约束的同时,预留一定比例的配额由政府掌控,以平抑市场波动,消纳外部经济影响对碳交易机制带来的冲击。

四是,进阶推动绿色金融交易创新,碳交易市场多样化发展。在广东碳市场覆盖排放比例高达70％、碳排放配额总量巨大的碳交易背景下,广东地区的控排企业对碳资产管理有着巨大需求,为此,广东碳市场陆续推出了配额抵押融资、配额回购、配额托管、配额远期交易等创新型绿色金融业务,为企业提供灵活多样的碳资产管理方案。早在2014年,广州碳排放权交易所就推出了首单碳排放配额的抵/质押融资业务。截至2022年6月初,广东各类碳金融交易业务累计交易量约为5258万吨。其中,配额抵押融资515万吨,配额回购融资1752万吨,配额远期交易1082万吨,配额托管1871万吨,碳金融业务规模位居全国前列。[①] 2020年5月,中国人民银行等四部委联合

---

① 数据来源:广州碳排放权交易所官网。

发布的《关于金融支持粤港澳大湾区建设的意见》明确提出："充分发挥广州碳排放权交易所的平台功能,搭建粤港澳大湾区环境权益交易与金融服务平台。"

五是,创新建立碳普惠核证自愿减排体系,激励全社会节能减排。碳普惠核证自愿减排体系是广东省首创的公众低碳激励机制,相关企业或个人可以通过自愿参与的减少温室气体排放活动(如节水、节电、公交出行等)和增加绿色碳汇等低碳行为产生的减排量,接入碳市场。2017 年,《广东省发展改革委关于碳普惠制核证减排量管理的暂行办法》正式将碳普惠核证自愿减排量(PHCER)纳入广东碳市场补充机制,控排企业在履约时可使用碳普惠制核证减排量与国家核证自愿减排量抵销不超过 10% 的年度排放量。近年来,广东省不断扩大碳普惠对重点生态功能区的生态补偿政策实施范围,为粤东粤西粤北地区开展护林、巡林等生态保护提供激励和补偿,在促进区域协调发展和"将绿水青山转化为金山银山"等领域展开了积极探索。目前,碳普惠制度已经由广东走向全国,为全国碳排放权交易市场的发展创新开拓出更多可能。

3.2.5 深圳碳市场

在国内率先启动碳交易的深圳碳市场自 2013 年 6 月 18 日启动以来,连续 7 年配额的流转率居全国第一,成交量居全国第三,交易额全国第四,也是国内交易额率先突破 1 亿元和 10 亿元大关的交易平台,其建设运行经验值得全国碳排放权交易市场和地方试点碳市场借鉴,主要有以下几点。

一是,在构建碳排放权交易法律制度框架方面走在全国前列。2012 年 10

月通过的《深圳经济特区碳排放管理若干规定》和 2014 年 3 月颁布的《深圳市碳排放权交易管理暂行办法》组成了深圳碳市场早期的法律制度框架,使深圳碳市场率先形成国内最完整的碳交易法律制度。其中,《深圳经济特区碳排放管理若干规定》是中国首部碳交易地方性法规。2021 年 6 月 10 日,深圳市司法局发布了《深圳市碳排放权交易管理暂行办法》(征求意见稿),提出拟设立碳排放交易基金,对政府配额有偿分配的收入进行管理等新措施。在全国碳排放权交易市场即将上线之际修订的《深圳市碳排放权交易管理暂行办法》,是深圳配合全国碳排放权交易市场建设的积极之举,将为深化深圳碳市场与全国碳排放权交易市场的接轨与发展发挥积极作用。

二是,碳市场配额分配及调节机制灵活可控。深圳碳市场采用免费与拍卖相结合的配额分配方法,其中拍卖比例不低于 3%。在需求端,深圳碳市场采纳了可调控的总量设定机制,配额总量在预分配后需根据企业的实际经济水平进行调整,以规避经济波动带来的影响;在供应端,深圳碳市场主管部门可以通过多种方式调控市场上的配额供应,包括用于平抑价格的配额储备、回购过剩的配额供给、逐年增加拍卖配额的比例等。

三是,率先引进境外投资者。2014 年 8 月 8 日,国家外汇管理局发出《关于境外投资者参与深圳碳排放权交易有关外汇业务的批复》,同意深圳外汇管理局为深圳排放权交易所及境内外投资者办理跨境碳排放权交易的相关外汇业务。深圳碳市场正式成为全国首家向境外投资者开放的碳市场。境外投资者直接参与碳交易,将有利于利用境外资金促进深圳碳市场的流动性,提升深圳碳市场的交易规模和活跃度。

四是,强化开拓创新,持续提升碳市场活力。自 2013 年启动碳市场以来,深圳排放权交易所持续开展碳金融创新,创下多项全国第一。比如,2014 年 5

月,深圳排放权交易所与中广核风电、浦发银行及国开行合作成功发行了国内首单碳债券,这是国内首个金融与绿色低碳相结合的绿色债券,这次合作被称为"中国碳金融市场的破冰之举";2014 年 11 月,支持成立首个私募碳基金;2014 年 12 月,支持推出首个绿色结构性存款产品,推出国内首个配额托管模式;2015 年,完成首个纯配额碳质押业务;2017 年支持达成国内首笔碳配额互换交易;2018 年完成国内家具行业碳资产抵/质押融资贷款业务。此外,深圳碳市场还将加快推出创新碳普惠交易品种,以"低碳权益,普惠大众"为核心,建立以碳市场推动公众践行低碳行为的碳普惠机制,为全国碳排放权交易市场的建设完善提供先行示范。

3.2.6　湖北碳市场

从全国 9 个地方试点碳市场的交易情况来看,湖北和广东碳市场的规模要远超于其他地方试点碳市场(表 3-8)。湖北碳市场的启动时间虽然略晚于广东碳市场,但其在碳交易体系建设、配额(HBEA)分配、排放核查、系统运维、生态扶贫等方面的表现并不逊色于广东碳市场。自 2014 年开市运行以来,湖北省建立了成熟的碳市场体系,湖北碳市场累计成交量、成交总额以及总开户数、市场参与人数、日均交易量、市场履约率等指标均位居全国前列。在2017 年国家组织的权威评审中,湖北碳市场的注册登记系统、交易系统均排名第一,为后续承担牵头建设全国碳排放权注册登记结算系统的重要使命奠定了坚实基础。

表 3-8　2021 年湖北碳市场交易情况①

交易月份	品种	最高价/(元·吨⁻¹)	最低价/(元·吨⁻¹)	成交数量/万吨	成交额/万元	成交均价/(元·吨⁻¹)
1 月	配额	31.66	26.56	18.58	497.53	26.78
2 月	配额	38.39	26.87	3.54	106.78	30.16
3 月	配额	37.88	27.1	1.65	48.31	29.28
4 月	配额	33.96	26.09	2.30	66.89	29.08
5 月	配额	33.99	27.01	9.51	287.53	30.23
6 月	配额	35.3	27.21	40.71	1328.52	32.63
7 月	配额	46.46	29.23	24.27	920.19	37.91
8 月	配额	48.65	38.51	13.79	587.73	42.62
9 月	配额	44.54	36.11	11.18	446.14	39.89
10 月	配额	44.98	38.1	12.61	517.44	41.02
11 月	配额	—	—	—	—	—
12 月	配额	40.19	34.5	23.32	876.79	37.60
总计	配额	48.65	26.09	161.48	5683.86	35.20

　　湖北省产业结构偏重,资源约束较紧,结构性矛盾突出,湖北碳市场的发展离不开省委、省政府的审时度势、提早谋划以及高度重视。早在 2007 年,湖北就成立了节能减排(应对气候变化)工作领导小组,并于 2010 年提出"将武汉打造成为全国碳金融中心"。2011 年,国务院印发《"十二五"控制温室气体排放工作方案》,提出"探索建立碳排放权交易市场",湖北与北京、上海等 6 个省市一起被列入国家首批碳排放权交易试点。开市 7 年来,湖北碳市场建

---

　　① 数据来源:来自湖北碳排放权交易中心官网,成交均价由笔者根据原始数据整理计算所得,结果保留两位小数。

立了包括数据核查、配额发放、交易规则等在内的成熟市场体系,积极开展碳资产托管、碳质押贷款、碳现货远期产品、碳众筹及碳保险等绿色金融创新,形成了"碳汇+"交易体系等灵活交易机制,为全国碳排放权交易市场的建设完善提供了"湖北样本"。总的来看,湖北碳市场的发展运行特点主要有以下几方面。

一是,成熟的碳交易政策体系提供制度保障。为确保试点工作规范高效运行,湖北碳市场建立了一系列规章制度,包括《湖北省碳排放权管理和交易暂行办法》、配额分配和核查体系的相关制度等。其中,《湖北省碳排放权管理和交易暂行办法》明确提出了对控排企业的激励和约束条例以及法律责任,并建立了碳排放黑名单制度——主管部门将未履行配额缴还义务的企业纳入本省相关信用记录,通过政府网站及新闻媒体向社会公布。

二是,碳市场覆盖范围逐步扩大。湖北碳市场覆盖的行业全部为工业行业,包括电力、热力、有色金属、钢铁、化工、水泥、石化、汽车制造、玻璃、化纤、造纸、医药、食品饮料等行业。在地方试点碳市场运行的 7 年里,湖北碳市场纳入控排企业的门槛不断降低,覆盖的控排主体范围持续扩大。比如,2015 年,湖北碳市场的控排门槛设定为年综合能耗 6 万吨标准煤及以上的工业企业;2016 年,湖北碳市场对石化、化工、建材、钢铁、有色金属、造纸和电力七大行业设置的控排门槛为 2013—2015 年任意一年综合能耗为 1 万吨标准煤及以上的企业,其他行业为 2013—2015 年任意一年综合能耗为 6 万吨标准煤及以上的工业企业。在"中碳登"(全国碳排放权注册登记结算系统)落地武汉以后,湖北地区还将充分抓住历史机遇,持续扩大碳市场的覆盖面和政策影响力,以碳交易作为落实国家"双碳"目标的有力抓手。

三是,市场调节机制灵活有弹性。作为全国最活跃的碳市场,湖北碳市场采取碳配额免费分配机制,湖北在碳市场运行过程中,除了企业和机构投资者,还吸纳了大量个人投资者进场,为此湖北碳市场采取的市场调节机制包括配额管理机制和价格涨跌幅限制。其中,配额管理机制是指配额分类管理及自动注销、企业配额事后调节、配额投放和回购等调节配额供给的机制,以使配额供给更具弹性;价格涨跌幅限制则指的是日常交易实行日议价区间限制,议价幅度不得超过前一交易日收盘价的±10%。

四是,积极创新碳交易形式和产品。湖北碳市场在碳金融创新方面不断实现重大突破,先后推出了碳资产质押贷款、碳众筹项目、配额托管、引入境外投资、建立低碳产业基金等创新举措,并产生了一定的社会效益。在碳交易形式和产品的创新上,湖北碳市场是国内地方试点碳市场中的佼佼者。比如,2015年,湖北碳市场发布的"红安县农村户用沼气项目CCER开发"是中国首个基于国家核证自愿减排量的碳众筹项目;2016年,湖北碳市场与平安财产保险湖北分公司签署碳保险开发战略合作协议,最终确定了国内首个碳保险产品设计方案;同年,湖北省还率先推出了国内首个碳排放权现货远期交易产品,对现货碳市场进行了有益补充。

五是,利用地区优势建立精准扶贫机制。相比北京、上海、深圳等城市,湖北在经济增长、产业结构和能源结构方面与全国平均水平最为接近,但湖北省内区域之间也各有差异,经济发展存在着明显的两极分化现象。针对湖北省在"十三五"期间提出的"精准扶贫、提高效益",湖北碳市场开发了农林类减排量产品(国家核证自愿减排项目),并针对鄂东、鄂西北等不发达地区落地了一大批国家核证自愿减排项目,构建了"政府引导、机构参与、农民受益"的运行机制。比如,于2015年在湖北咸宁市通山县落地的林业碳汇是全国首个竹林碳汇项目,农户可以通过种植毛竹吸收二氧化碳,将竹林吸收的减排指标卖给化工、电力等行业的碳排放大户,在卖竹子获取收益的同时得到一笔额外收入。该项目对全国绿化项目的开展起到了很好的标杆作用。同时,湖北省还实施了农村户用沼气低碳扶贫项目,形成了"工业补偿农业、城市补偿农村、排碳补偿固碳"的生态补偿机制,为国家生态补偿机制的形成和生态文明建设提供了重要参考。

3.2.7　重庆碳市场

重庆碳市场是中国西部唯一的一家地方试点碳市场。自 2014 年 6 月启动以来,建设和运行碳市场一直都是重庆以市场化方式引导企业开展节能减排的重要举措。重庆碳市场在运行初期以工业企业为控排范围,纳入了电力、电解铝、铁合金、电石、烧碱、水泥、钢铁等行业,将控排门槛设为 2008—2012 年任一年度排放量达到 2 万吨二氧化碳当量的工业企业。随着部分重点排放单位"关停并转"(关闭,停办,合并,转产)退出和转入全国碳排放权交易市场,目前纳入重庆碳市场的重点排放单位共 153 家,覆盖排放比例为 62%(表 3-9)。①

表 3-9　2021 年重庆碳市场交易情况②

交易月份	成交数量/万吨	成交均价/(元·吨$^{-1}$)
1 月	0.77	25.46
2 月	0.06	22.08
3 月	9.66	23.50

① 数据来源:华宝证券。
② 数据来源:原始数据来自重庆碳排放权交易中心官网,表中数据由笔者根据原始数据整理计算所得。

续表

交易月份	成交数量/万吨	成交均价/(元·吨$^{-1}$)
4 月	12.03	24.59
5 月	8.69	24.57
6 月	7.09	30.34
7 月	2.86	33.70
8 月	1.72	33.43
9 月	39.65	35.72
10 月	18.12	36.47
11 月	5.20	33.75
12 月	9.20	35.64
总计	115.06	32.22

　　重庆独特的产业结构特点、经济亟须增速提质的客观情况以及低碳转型的发展要求,使得重庆碳市场的运行机制不同于其他地方试点碳市场,为全国碳排放权交易市场的建设完善提供了特别的参考价值。

　　一是,碳交易政策体系不断完善。2014 年 6 月重庆市政府颁布的《重庆市碳排放权交易管理暂行办法》,为重庆市碳排放交易试点机制制定了政策框架,明确界定了碳市场交易主体、配额分配与管理、碳排放核算、报告和核查、碳排放权交易、监管与处罚等碳市场要素。目前,重庆市碳排放权交易已形成了由管理办法,以及配额管理、核查、交易三个细则等构成的"1＋3＋N"制度体系,同时重庆市政府还在加快构建重庆市碳达峰、碳中和领域"1＋2＋6＋N"政策体系,通过进一步完善碳市场运行的配套制度,充分发挥碳交易市场对碳中和的支撑和引导作用。

　　二是,碳配额分配采用历史基数法进行免费分配。重庆市是唯一对配额管理实行总量减排的试点地区,以控排行业和企业的历史碳排放峰值为基准,设计出碳排放逐年下降的总量减排模式,使企业在执行自身的减排计划时更具主动性。还有一点值得注意的就是,重庆碳市场采取了企业自主申报,主管部门审定,根据配额总量上限调整,最后分配到控排企业在注册登记系统中的账户进行配额分配的方式,在一定程度上平衡了不同企业,提高了配额分配结果的公平性。

　　三是,严格监督管理,碳市场调节机制灵活可控。重庆碳市场采取"双随机、一公开"的方式来监督检查排放单位温室气体排放和碳排放配额清缴情况,相关信息由重庆市生态环境主管部门定期公开。对于未按照规定履行发布温室气体排放报告、接受核查和碳排放配额清缴等义务的控排企业,由重庆市生态环境主管部门和县(市、区)生态环境主管部门责令限期改正,若逾期未改正,则对其采取三年以内不得享受节能环保及应对气候变化等方面的财政补助资金、不得参与各级政府及有关部门组织的节能环保及应对气候变化等方面的评先评优活动、按 10％比例扣减其下一年度免费发放的碳排放配额等惩罚。目前,重庆已建立碳排放信用评价管理体系,将违约信息纳入企业环境信用评价体系、全国信用信息共享平台、银行征信系统进行管理。此外,重庆碳市场主要通过实行涨跌幅限制(涨跌幅比例为 20％)来调节市场。

　　四是,强化改革创新,积极探索绿色金融新业务。作为地方试点碳市场,重庆碳市场在探索绿色金融创新业务的过程中进行了多次尝试,开展了碳质押贷款等金融业务,推进"碳汇＋"生态产品价值实现试点建设,建成全国首个覆盖碳履约(面向企业)、碳中和(面向政府)、碳普惠(面向个人)的"碳惠通"生态产品价值实现平台,形成了可复制可推广的生态产品价值实现机制。目前,重庆市正在探索创新气候投融资工作，积极争取国家将其纳入气候投融资试点范围，联合金融机构创建绿色金融改革试验区，引导金融机构进一步支持气候友好型项目和低碳产业。

3.2.8 福建碳市场

相较于前面 7 个地方试点碳市场，福建碳市场起步最晚，但起点较高，运行之初就在碳市场的核心制度、运行规则、分配方法上全面对接全国碳排放权交易市场总体思路，并结合福建实际积极创新，建立起了系统完善的制度体系，成为国内第八个地方试点碳市场。经过五年探索，福建碳市场的建设运行为全国碳排放权交易市场建设提供了"福建经验"。

一是，对接全国碳排放权交易市场建设思路，健全碳交易制度。2016 年 9 月福建碳市场建立时，就初步构建了以《福建省碳排放权交易管理暂行办法》为核心，以《福建省碳排放权交易市场建设实施方案》为总纲，7 个配套管理细则为支撑的"1＋1＋7"政策体系。2020 年，福建省根据中国应对气候变化工作的新形势、新要求，及时对有关政策制度进行修订，推动福建碳市场平稳健康运行。

二是，覆盖控排主体范围广且具备福建特色。福建碳市场覆盖行业范围较广，除了国家规定的石化、化工、建材、钢铁、有色、造纸、电力、航空八大行业外，福建省还针对当地陶瓷企业数量多、产能大的产业特点，在全国率先将陶瓷业纳入碳交易市场。截至 2021 年 7 月，福建碳市场已纳入控排行业中年综合能源消耗达 1 万吨标准煤以上的企业 269 家，其中，陶瓷行业企业就有 100 多家。目前，福建省正探索将碳交易的控排门槛由年综合能源消耗总量 1 万吨标准煤以上降至 5000 吨标准煤以上,碳市场参与主体将进一步扩大。

三是,配额分配兼顾历史与对标先进,市场调节机制灵活可控。福建碳市场主要采取了"免费分配＋拍卖"的配额分配方法,其中电力、水泥、铝等行业使用基准线法,其他行业使用历史基数法。对于未完成履约任务的控排企业,按近一年内平均碳价的 1～3 倍进行罚款,不超 3 万元,同时在下一年度分配的配额中予以双倍扣除。在市场调节方面,福建政府预留 10％的配额,适时进行市场干预(当碳价连续 10 个交易日累计涨幅超过一定比例,政府就会进行市场干预)。

四是,积极推进绿色金融改革创新实践,丰富碳市场结构层次。2020 年 10 月,福建发布了《福建省人民政府办公厅关于印发三明市、南平市省级绿色金融改革试验区工作方案的通知》,同意三明市、南平市创建省级绿色金融改革试验区。如今,福建三明、南平两地已经创新推出多款绿色金融产品,以满足不同绿色主体需求。其中三明市还推出了包括碳排放权绿色信托计划、碳排放配额质押贷款、林业碳汇收益权质押贷款等在内的碳金融产品。2021 年,福建省形成了 3 批次 21 项绿色金融创新案例,在全省复制推广,有力带动了全省绿色金融创新发展。

3.2.9　四川碳市场

不同于前面 8 个地方试点碳市场,四川碳市场是全国非试点地区的第一个碳排放权交易市场,以国家核证自愿减排量交易为标的,没有进行区域内的配额分配与交易。

早在 2008 年 3 月,四川省就已经开始着手四川联合环境交易所的筹备工作,筹备工作后因汶川地震而中止,直到 2011 年,四川联合环境交易所才宣布重启并正式成立。在这三年多时间里,北京和上海先后建立了碳排放权交易所,全国范围内的碳排放权交易所如雨后春笋般出现,数量一度达到上百家。四川联合环境交易所并未能入选全国首批碳排放权交易试点。到2012年,国家发改委发布《温室气体自愿减排交易管理暂行办法》,允许国家核证自愿减排量进入国内碳配额交易市场,四川联合环境交易所抓住这个政策机遇,在2016年4月通过国家温室气体自愿减排交易机构备案,成为全国非试点地区第一家碳交易机构。同年12月16日,四川碳市场在四川联合环境交易所开市,全国碳市场能力建设(成都)中心(以下简称成都中心)同步揭牌。

作为非试点地区唯一的国家核证自愿减排量交易市场,四川碳市场的国家核证自愿减排量累计成交量按可比口径居西部第一、全国前列。2021年,受"双碳"目标的提出和全国碳排放权交易市场的启动等因素影响,国家自愿减排量交易市场的活力得到释放,四川碳市场国家核证自愿减排量成交量较上一年同期增长483%。截至2021年7月,四川联合环境交易所累计完成国家核证自愿减排量交易量1801万吨,成交金额逾2亿元,按可比口径排全国第四(表3-10)[①]。

表3-10　2021年四川碳市场交易情况[②]

交易月份	交易产品	当月成交量/万吨	累计成交量/万吨
1月	CCER	11.00	1628.86
2月	CCER	28.11	1656.98
3月	CCER	21.42	1678.39
4月	CCER	13.89	1692.28
5月	CCER	20.75	1713.03

---

① 数据来源:四川联合环境交易所,《四川碳市场运行报告(2021)》。
② 数据来源:原始数据来自四川联合环境交易所官网。

交易月份	交易产品	当月成交量/万吨	累计成交量/万吨
6 月	CCER	26.73	1739.76
7 月	CCER	61.68	1801.44
8 月	CCER	175.86	1977.30
9 月	CCER	245.66	2222.95
10 月	CCER	120.12	2376.26
11 月	CCER	782.50	3194.38
12 月	CCER	212.04	3406.42

从 2016 年启动运行至今,四川碳市场的建设发展情况可以总结为以下几个方面。

一是,不断深化碳市场运行机制和系统建设。四川联合环境交易所通过总结和借鉴首批 7 个地方试点碳市场的运行经验,在 2016 年 10 月发布《四川省碳排放权交易管理暂行办法》,构建了四川碳市场运行交易的基本制度体系,促进碳市场健康平稳运行。在交易系统建设上,四川联合环境交易所 2016 年开发推出的碳交易系统上线后运行状态平稳,并在 2018 年年底完成升级,与全国碳排放权注册登记结算系统、国家自愿减排交易注册登记系统及第三方银行实现互联互通。四川自主研发的企业温室气体排放云计算报告系统是全国第一个满足 24 个重点排放行业报送温室气体排放报告的系统。

二是,坚持开拓创新,持续优化碳市场配置。2019 年 12 月,四川联合环境交易所正式上线了"绿蓉融"绿色金融综合服务平台。该平台具备绿色企业(项目)申报、融资信息对接、金融产品宣传、绿色识别认定、绿色金融服务、绿色技术交易、环境影响测算、环境风险监控、ESG(环境、社会和公司治理)评价等核心功能。2021 年,四川联合环境交易所首次发布加载企业温室气体排放云计算报告系统 3.0 版的"绿蓉融"绿色金融综合服务平台环境影响测算工具系统,实现了面向企业、项目、主管部门的环境影响线上测算功能。截至 2021 年年末,"绿蓉融"绿色金融综合服务平台已成功入库首批 150 家绿色企业和 55 个绿色项目,大力推动了四川省绿色企业和项目库建设。此外,四川省在推进碳排放权交易市场建设的同时还启动了用能权交易市场,在碳排放权、用能权双市场的配额优化及衔接机制上进行了深入研究和探索,为两类环境权益市场的深入推进和协同发展提供了重要参考经验。

三是,积极开展能力建设,为全国碳排放权交易市场建设赋能。成都中心通过大力举办低碳活动、组织低碳培训、广泛开展国际合作等举措加强能力建设,汇集资源,开拓创新,为全国碳排放权交易市场的建设完善奠定扎实基础。在培育推广全民绿色低碳发展理念方面,成都中心开展了一系列形式多样的线上、线下低碳活动,强化了气候变化和"双碳"知识的宣传普及力度。此外,成都中心还通过开展碳交易技能定制化培训和证书培训,帮助企业和个人提高碳管理意识和碳市场参与能力。四川联合环境交易所则会及时披露相关政策及交易数据,反复提示交易风险和组织开展能力建设活动,引导投资人理性参与碳市场。在广泛开展国际合作方面,早在《京都议定书》的清洁发展机制下,四川就积极参与了国际碳市场交易。四川碳市场启动后,成都中心先后承办了中美气候圆桌会议美国低碳专家低碳城市行成都研讨会、"一带一路"应对气候变化研修班、中国-意大利循环经济与可持续发展论坛等重要会议,不遗余力地提升了四川碳市场以及整个中国碳市场的国际影响力。

四是,全力倡导碳中和。四川联合环境交易所立足四川、面向全国,积极开展各类碳中和社会活动,并自主研发上线了全国首个碳中和平台——点点碳中和平台。该平台搭载有会议、景区、商超、餐饮、酒店等发布场景,是支付宝目前唯一合作的碳中和平台。通过该平台,用户可以进行在线计算碳排放量、在线购买碳信用、查询碳中和排行榜等操作。2020 年 3 月,《成都市人民政府关于构建"碳惠天府"机制的实施意见》发布,成都市在国内首创性地提出了"公众碳减排积分奖励""项目碳减排量开发运营"的双路径碳普惠建设思路,推出成都市碳惠天府机制项目减排量(CDCER)交易产品,引导小微企业和公众践行绿色低碳并积极中和自身碳足迹。

3.3　中国碳市场运行特征

中国碳市场的建设,要在遵循碳交易机制的经济学基本原理的同时,充分借鉴海外主流碳市场的实践经验,但更要从中国的实际国情出发,构建符合中国发展现状和发展需求的特色碳市场。2021 年 7 月 16 日正式开始的中国全国碳排放权交易市场是第一个由发展中国家建立的国家级碳市场,无论是从演进进程还是从运行特征上看,它在国际上都是独树一帜的存在,为全球碳交易体系的构建提供了全新的尝试。目前来看,中国的碳市场具备以下几个特征。

第一,极具中国特色,符合中国发展阶段的全球首个基于碳强度的碳市场。

以欧盟碳市场、北美的加州-魁北克碳市场、美国区域温室气体减排行动碳市场为主要代表的国际主流碳市场都是基于总量控制的碳市场,而中国碳市场基于碳强度的设定方案则打破了以往碳交易市场设计的常规思路。基于碳强度来控制实现减排目标的碳市场是将市场化手段与中国国情相结合后形成的气候治理中国方式。一方面,无论是 2007 年《中国应对气候变化国家方案》,还是 2021

年《中共中央 国务院关于完整准确全面贯彻新发展理念做好碳达峰碳中和工作的意见》，中国减排目标考核的都是单位GDP能耗与单位GDP二氧化碳排放量相对基期下降的百分比，而不是能耗与碳排放总量的下降；另一方面，中国作为发展中国家，碳强度高的第二产业占国民经济比重较高，大多数行业尚未实现碳达峰，预测碳排放总量较为困难。因此，采用基于强度的碳市场体系比配额总量能够更好地与中国碳减排目标及周期内实际产出相匹配，兼顾企业发展需求及减排目标，保障碳价相对合理。

第二，碳排放总量、重点控排企业区域分布差异较大。

根据绿色和平国内低碳发展政策研究项目组在2022年年初发布的一份题为《中国30省（市）碳排放情况追踪，"第一梯队"谁来领跑？》的简报，中国各省之间碳排放情况和碳交易运行情况存在较大差异。从碳排放总量来看，2019年碳排放总量最大的5个省份贡献了全国碳排放总量的36.65%，而碳排放总量最小的5个省份的碳排放量仅占全国总量的不到5%。中国碳核算数据库（CEADs）数据显示[①]，2019年全国的碳排放量为102亿吨（不含西藏自治区、港澳台地区）。在《迈向碳中和：中国未来转型路径及产业机遇》一书中，笔者得出结论：东、西、中和东北地区大致呈现出"四三二一"的碳排放结构特征。经济发达、人口稠密的东部地区是二氧化碳排放的主要地区，总排放量为41.14亿吨，占比40.33%；西部地区紧随其后，碳排放总量达29.45亿吨，占比28.87%；中部地区总排放量为21.54亿吨，占比21.12%；东北地区总排放量为

---

① 目前，不同口径计算的碳排放量差异较大，不同研究机构和学者在计算碳排放总量时均有一定差异。因此，笔者以中国碳核算数据库（China Emission Accounts and Datasets，http://www.ceads.net）数据为准。该数据库获得了国家自然基金委员会、科学技术部、中国科学院、英国研究理事会、牛顿基金会等多家机构的共同支持，聚集了来自英美中欧等多国研究机构的学者，共同编制中国多尺度的碳排放清单。

9.89 亿吨,占比 9.7％。东、西、中部和东北地区大致呈现出 4：3：2：1 的碳排放区域结构特征。

从全国碳排放权交易市场覆盖重点排放单位的分布情况来看,全国碳排放权交易市场第一履约期内,根据《2019—2020 年全国碳排放权交易配额总量设定与分配实施方案(发电行业)》规定,仅纳入了发电行业的 2162 家重点排放单位[①],这些重点排放单位在全国呈现出极不均衡的分布状态。

我们可以将其(含新疆生产建设兵团,不含西藏、港澳台)分成三个梯队(表 3-11):第一梯队是山东、江苏、内蒙古、浙江、河南、山西,重点排放单位≥100 个;第二梯队是黑龙江、河北、广东、新疆、安徽、辽宁、陕西、四川、吉林、江西,重点排放单位在 50 ～99 个;第三梯队是湖北、广西、福建、宁夏、湖南、贵州、重庆、云南、新疆生产建设兵团、天津、上海、甘肃、北京、青海、海南,重点排放单位小于 50 个。

表 3-11　全国碳排放权交易市场第一批覆盖重点排放单位分级

序号	类型	重点排放单位数/个	省、自治区、直辖市
1	第一梯队	≥100	山东、江苏、内蒙古、浙江、河南、山西
2	第二梯队	50～99	黑龙江、河北、广东、新疆、安徽、辽宁、陕西、四川、吉林、江西
3	第三梯队	<50	湖北、广西、福建、宁夏、湖南、贵州、重庆、云南、新疆生产建设兵团、天津、上海、甘肃、北京、青海、海南

山东和江苏两省覆盖的重点排放单位均超过了 200 家,而甘肃、北京、青海

---

① 据 2022 年 1 月 24 日生态环境部例行新闻发布会信息,全国碳排放权交易市场第一个履约周期共纳入发电行业重点排放单位的数量被更新为 2162 家。

和海南等地覆盖的重点排放单位却不足 20 家。其中,数量最多的是山东省,有 338 家重点排放单位,而覆盖重点排放单位数量最少的海南省(7 家)基本上相当于山东的 1/50。详情见图 3-2。

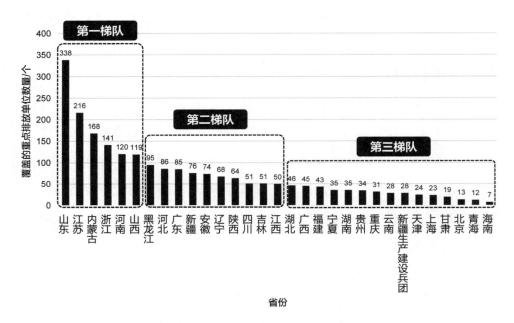

图 3-2　全国碳排放权交易市场第一批覆盖重点排放单位分布情况

第三,以配额交易为主,以国家核证自愿减排量交易为辅国家核证自愿减排量,项目开发异常火热。

按碳交易标的不同,中国的碳交易有两种类型,分别是配额交易和国家核证自愿减排量交易。当前,全国碳排放权交易市场建设以地方试点碳市场经验为基础,采用以配额交易为主导,国家核证自愿减排量交易为辅的双轨体系。根据《碳排放权交易管理办法(试行)》,中国碳排放配额(CEA)以免费分配为主,未来将适时引入有偿分配,并鼓励排放主体通过国家核证自愿减排,但国家核证自愿减排量交易与抵扣机制尚未明确。碳排放配额是在生态环境部每年制定碳排放配额总量及分配方案的基础上,由各省生态环境部门额定分配。若企业最终年二氧化碳排放量少于国家给予的碳排放配额,剩余的碳排放配额可以作为商品出售;若企业最终年二氧化碳排放量多于国家给予的碳排放配额,短缺的二氧化碳配额则必须从全国碳排放权交易市场购买。因此碳排放权作为商品在企业之间流通,国家通过市场化手段完成碳排放权的合理分配。

第四,周期性明显,临近履约。

截至 2021 年 12 月 31 日,全国碳排放配额成交量为 1.79 亿吨,成交额 76.61 亿元,而到碳市场运行满一年的 2022 年 7 月 16 日时,碳排放配额累计成交量在 1.94 亿吨,累计成交额 84.91 亿元。可以发现,就这两个数据来说,2022 年 7 月与 2021 年年底基本接近。这是因为,2021 年年底各企业需要进行履约,碳市场各项数据也就表现出了"履约期效应"的明显特征。不仅全国碳排放权交易市场,地方试点碳市场也表现出一定的周期性。地方试点碳市场的交易峰值主要出现在下半年,上半年(主要是非履约期)整体交易不活跃,甚至出现多个交易日无交易的情况。即使是碳交易相对活跃的广东、湖北两地,交易高峰也往往出现在年底。

第五,交易形式较为单一,场外交易(大宗协议交易)大于场内交易(挂牌协议交易),是目前主要的交易方式。

《关于全国碳排放权交易相关事项的公告》规定,碳排放权协议转让包括挂牌协议交易和大宗协议交易两种方式,其中单笔买卖申报数量在 10 万吨以下以挂牌协议交易的方式成交,10 万吨(含)以上以大宗协议交易的方式成交。挂牌协议交易的成交价格在上一个交易日收盘价的 ±10% 之间,大宗协议交易的成交价格在上一个交易日收盘价的 ±30% 之间。

截至 2021 年 12 月 31 日,全国大宗协议交易的累计成交量占比远高于挂牌协议交易,二者占比分别为 82.7％和 17.3％。但在全国碳排放权交易市场运行初期的 7 月,大宗协议交易成交量占比仅为 15％,挂牌协议交易成交量占比为 85％,大宗协议交易成交量占比远低于挂牌协议交易成交量占比。这可能由于在全国碳排放权交易市场开市初期,大多数企业持观望态度,先尝试小额的挂牌协议交易,在市场平稳后再选择大宗协议交易。总的来看,大宗协议交易是当前全国碳排放权交易市场的主要交易方式(表 3-12)。

表 3-12　全国碳排放权交易市场首个履约周期不同交易方式的交易情况

交易方式	成交量 /亿吨	成交额 /亿元	交易量占比	
			2021 年 7 月 (开市)	2021 年 12 月
挂牌协议交易	0.31	14.51	85％	17.3％
大宗协议交易	1.48	62.10	15％	82.7％
合计	1.79	76.61	100％	100％

第六,整体履约表现较好,未履约处罚力度有待增强。

全国碳排放权交易市场的第一个履约周期的履约完成率为 99.5％,履约情况整体较好。在第一个履约周期内,全国碳排放权交易市场仍有 0.5％核定应履约但未完成履约的情况。《碳排放权交易管理办法(试行)》第四十条规定:重点排放单位未按时足额清缴碳排放配额的,由其生产经营场所所在地设区的市级以上地方生态环境主管部门责令限期改正,处二万元以上三万元以下的罚款;逾期未改正的,对欠缴部分,由重点排放单位生产经营场所所在地的省级生态环境主管部门等量核减其下一年度碳排放配额。由于中国碳市场仍在起步阶段,这样的处罚力度相对较轻,其金额仅相当于处罚了 500 吨左右的配额数量。后来，生态环境部还曝光了一批在全国碳排放权交易市场首个履约周期内碳排放数据失真和对碳排放数据进行造假的案例。但是，整体来看，碳交易体制机制仍待进一步完善，应加强对核查和监督检查情况以及企业排放报告、配额清缴等情况的信息公开力度，加强信用管理，惩罚制度也需要相应强化，从而提升《碳排放权交易管理办法（试行）》实施的有效性和权威性。

第七，市场活跃度略显不足，成长空间仍然很大。

全国碳排放权交易市场上线运营之后，交易双方仍处于试探和摸底阶段，交易规模仍处于市场整合时期的低位。上海环境能源交易所数据显示，全国碳排放权交易市场的交易量仅在第一个履约期的首个交易日超百万吨，碳配额成交量为 410.40 万吨，总成交额为 2.10 亿元。直到第一履约周期结束，全国碳排放权交易市场累计成交量约为 1.79 亿吨，总成交金额约为 76.84 亿元。要知道的是，全国碳排放权交易市场的配额总量约为 45 亿吨，也就是说全国碳排放权交易市场交易换手率在 3％左右。相较于换手率从初期的 4.09％提升至417％的欧盟碳市场，中国的碳市场尚处于发展初期，市场活跃程度还有较大提升空间。从市场规模来看，中国碳市场从市值看仅为百亿级别的市场，要知道中国 A 股市值在 1991 年年初就达到了 109 亿元，截至 2021 年，A 股总市值将近 100 万亿元，换句话说，中国的碳市场与 A 股市场还有着极大的差距。

3.4　中国碳市场发展的挑战

由于国内各地方试点碳市场是依据本区域的社会经济发展状况对行业覆

盖范围、配额总量设定和分配、履约等碳交易体制机制进行设计完善的,各地方试点碳市场间存在着明显差异,且在关键制度的要素设计上也与全国碳排放权交易市场相去甚远。地方试点碳市场与全国碳排放权交易市场的衔接以及全国碳排放权交易市场的统筹完善面临着巨大挑战。

第一,地方试点碳市场与全国碳排放权交易市场兼容的挑战。

目前,全国各地方试点碳市场的运行均以地方政府令作为政策基础,立法层级较低,法律效力较弱,政策约束力参差不齐,缺乏统一的国家法律法规作为后盾。其中,北京、深圳和重庆通过了地方立法,对排放单位的约束力相对较强;广东、湖北、深圳等地方试点碳市场则基本以政府规章进行规制,天津仅以部门文件为依据,这就导致这些地方试点碳市场约束力弱、强制性不足等问题。

各地方试点碳市场履约管理执法及标准不一致,难以统筹推进全国碳排放权交易市场的履约工作。各地方试点碳市场的履约工作主要靠地方行政推动,没有执法单位,处罚权限不明确,惩罚力度也不一样。同时,国家也没有明确具体的执法部门,未规定约束执法部门的执法范围,给履约工作带来困难。因此,在地方试点碳市场与全国碳排放权交易市场的衔接过程中,将存在试点地区之间执法和标准不协调、试点与国家履约管理执法及标准不协调的问题。

统一的高位法律缺失与统一标准的不确定导致国家核证自愿减排量地域壁垒的出现,这阻碍了市场要素的自由流动,在一定程度上导致了碳资产流动性较差等现象。支撑全国碳排放权交易市场运行的《碳排放权交易管理规则(试行)》与全国各个地方试点碳市场的相关法律法规存在出入,甚至存在冲突,如何对各地方试点碳市场的制度体系实现有效兼容,是推进国家统一碳市场建设面临的重要挑战。

此外,地方试点碳市场之间存在竞次问题。由于担心强管制对经济增长造成不利影响,一些地方设置了较为松弛的排放总量标准。这种竞相降低管制强度的竞次现象,不是通过产业升级来实现经济的高质量发展,而是通过牺牲环境来保护地方的高耗能高排放企业。

第二,各地方试点碳市场的国家核证自愿减排量抵销标准不一,在与全国碳排放权交易市场衔接的过程中,容易导致交易成本增加和交易效率降低。

各地方试点碳市场的抵销规则、减排量项目类型、产生区域、减排时间、抵销基准、抵销比例均存在差异,这导致了国家核证自愿减排量的异质性。由于不同类型项目和不同省份产生的国家核证自愿减排量不同质,易产生非标准化交易,导致交易成本增加和交易效率降低。同时,在国家核证自愿减排项目开发过程中,相关主体存在违规操作的风险,可能存在数据失真等问题。国家核证自愿减排项目以水电和风电项目为主,这类项目签发量过多,农林类优质项目签发比例较低。

各地方试点碳市场对国家核证自愿减排量都进行了一定程度的限制,北京和上海限将国家核证自愿减排量的抵销比例上限确定为 5%,重庆为 8%,深圳、广东、天津、湖北均为 10%。北京、广东和湖北还对国家核证自愿减排量进行了不同程度的地域限制,北京和广东分别规定用于抵销国家核证自愿减排量中的 50%和 70%须来自本地区,而湖北更是仅限使用省内产生的国家核证自愿减排量来抵销。其他地方试点碳市场虽然未在文件中做出此类限制,但在实际的交易过程中,会通常优先挂卖本地区产生的国家核证自愿减排量并给予相应的政策优惠。地方试点碳市场对本地区采用地方保护主义政策,产生了较为严重的市场交易壁垒,阻碍了市场要素的自由流动,导致配额和国家核证自愿减排量的市场价格无法充分反映其在碳市场中的价值。短期内,要实现地方试点碳市场之间,地方试点碳市场与全国碳排放权交易市场的无缝衔接,还存在很大的挑战。

第三,碳交易覆盖行业范围有差异,行业之间难以实现有效连接和衔接。

地方试点碳市场主要依据本区域的社会经济发展状况设计碳交易机制,在参与主体、分配机制、履约机制等方面存在差异。就市场主体来看,由于地域和经济发展状况的差异,各地方试点碳市场分别设置了不同的碳交易行业覆盖范围。比如,北京、上海、深圳等纳入碳交易的行业中第三产业比重较高,第二产业比重较低,其中北京碳市场的主体主要是企事业单位;湖北、广东、天津、重庆等第二产业比重则相对较高。由于全国碳排放权交易市场仅先行启动发电业,按照全国碳排放权交易市场的纳入标准,深圳试点的 600 多家控排企业仅有 9 家将被纳入,而湖北试点的大部分控排企业可以进入全国碳排放权交易市场。全国各地方试点碳市场发展规模的差距或将再被进一步拉大。

目前,全国碳排放权交易市场纳入了 2162 家发电行业重点排放单位。其中,大唐集团、华电集团、国家能源集团、国家电力投资集团和华能集团分别有 91 家、93 家、144 家、54 家和 101 家企业进入,五大电力集团在发电行业重点排放单位中的占比约为 22%。目前,全国碳排放权交易市场以十大集团(五大电力集团和申能集团、华润电力、中国石化、中国石油、浙江能源集团)的内部交易为主,十大集团外企业的交易较少。十大集团形成市场势力,主导碳市场,使得市场无法有效配置资源,配额成交价和成交量偏离了市场供需。"十四五"期间,要实现去除行业分割,逐步将建材、钢铁、有色、石化、化工、造纸等行业纳入碳市场,由于行业之间减排成本不同,标准也很难统一,碳配额分配在行业之间难以实现有效连接和衔接,碳市场扩容也存在着行业间公平对待问题。

此处,比较典型的是,各碳市场间、行业间配额分配标准存在较大差异。

大部分地方试点碳市场存在着配额分配过量的问题,这主要是由各行业间配额分配方式、核查数据质量以及减排目标等多种因素导致的。目前中国各地方试点碳市场的配额分配方式通常由试点地区决定。在由地方试点碳市场向全国碳排放权交易市场过渡时,这将不可避免地导致权属变化问题。此外,配额分配方式还将因为地方试点碳市场与全国碳排放权交易市场在覆盖行业、纳入门槛等多个方面的差异而产生兼容矛盾,因此如何处理好地方试点碳市场在二级市场交易的过剩配额成为地方试点碳市场与全国碳排放权交易市场衔接的重要挑战。

第四,碳交易平台难以实现协同管理。

除了在国家碳交易主管部门备案的 9 个试点地区交易机构外,很多非试点省市也设立了碳交易机构,故而中国存在交易机构数量众多、管理体系差别大、运作管理能力差、专业人才缺乏、系统安全性难以保障、重复建设带来资源浪费等问题。同时,各试点地区相继建立了独立的交易系统、注册登记系统和排放报送系统,这些系统由试点地区的碳交易主管部门或其授权的机构负责管理和维护,因此功能设计、系统运行能力上均有较大差异,因此在形成全国碳排放权交易市场的过程存在既要合理利用、共享彼此的资源,也要解决好国家通过系统平台对试点进行有效监管的问题。目前,各地方试点碳市场系统的管理和维护差异较大,管理制度尚不健全,难以实现协同管理。

第五,各试点碳市场碳价波动较大,碳市场运行缺乏碳价格传导机制。

从碳价价差来看,2014 年各地方试点碳市场中成交均价最高的是深圳(61.90 元/吨),最低的是湖北(18.49 元/吨),价差将近 43 元/吨。2020 年各地方试点碳市场中成交均价最高的是北京(89.49 元/吨),最低的是福建(17.54 元/吨),价差将近 72 元/吨。随着各地方试点碳市场的不断发展,各地方试点碳市场间的价差呈现扩大趋势(表 3-13)。从碳价波动性来看,

2014—2020 年,北京碳市场的碳价上涨了 50.15%,深圳碳市场的碳价下跌了 67.61%,各地方试点碳市场的碳价波动较大。此外,中国各地方试点碳市场的碳价整体低迷。据统计,2020 年中国各地方试点碳市场的年均碳价在 17~90 元/吨,而欧盟碳市场 2020 年的平均碳价约为 26 美元/吨。碳价的长期不合理,会给地方试点碳市场的有效性带来挑战,在推进全国碳排放权交易市场的建设过程中也会形成一定的阻碍。

从宏观和长远看,碳价将由经济、行业发展和控排目标总体状况决定,并受国际碳价影响。短期内,碳价是市场情绪博弈的结果,碳价波动属正常现象,但是过高或者过低都不利于碳市场的长期稳定运行。碳价过低将使企业丧失减排积极性,碳价过高将导致高碳企业负担过重,不利于维持国际竞争力。因此,通过采取积极的政策措施,引导碳市场健康发展,维持合理、稳定的碳价对引领全社会绿色转型极其重要。

此外,由于中国的碳市场总体交易体量不大,配额分配充足、活跃程度低,导致影响力有限,碳价、减排成本在产业链上的传导机制有待进一步提升。碳市场对全社会进行绿色引领、对社会生产要素资源分配力有待加强。

表 3-13　2014—2020 年全国各地方试点碳市场配额均价情况①

（单位:元/吨）

年份	北京	上海	天津	广东	深圳	湖北	重庆	福建
2014 年	59.60	38.01	20.29	53.28	61.90	18.49	30.78	—
2015 年	46.66	23.72	13.89	16.44	38.11	25.04	18.31	—
2016 年	48.97	8.06	9.32	11.44	26.06	16.83	7.97	—

_____

① 数据来源:中国碳交易网。

续表

年份	北京	上海	天津	广东	深圳	湖北	重庆	福建
2017 年	49.76	34.79	8.89	13.68	14.05	14.04	2.89	28.24
2018 年	57.87	37.51	12.89	22.15	27.77	22.47	4.33	18.59
2019 年	83.27	41.86	12.60	22.36	14.96	29.46	24.88	17.15
2020 年	89.49	39.86	26.10	27.01	20.05	27.70	21.07	17.54

第六,试点碳市场金融化程度较低。

目前,中国碳市场较多关注现货交易,而期货等多种交易手段发展受阻。从国际经验来看,发达国家碳市场在发展过程中,通过不断创新金融产品和服务,来提高碳市场的金融化程度。主要包括鼓励金融机构广泛参与、扩充交易所服务功能、丰富碳交易产品品种等。目前,中国碳交易市场尚处于发展的初期阶段,碳市场以现货交易为主,产品和服务创新性不足,金融化程度有待提高。例如,部分地方试点市场联合金融机构推出了包括碳衍生品的碳金融产品,但交易范围和规模都较小,主要有抵/质押融资、碳金融结构性存款、附加碳收益的绿色债券、低碳信用卡等。相比之下,欧盟、美国等碳市场在建设之初就是现货期货一体化市场。欧盟碳市场早在 2005 年就推出了与碳排放配额挂钩的碳期货产品,截至 2020 年年底,期货交易占欧盟碳市场交易总量的 90% 以上,使欧盟碳市场的流动性得到有效提高。此外,由于欧盟碳市场的主体不仅包括控排企业,还有众多的商业银行、投资银行等金融机构,以及政府主导的碳基金、私募股权投资基金等各种机构投资者,其碳金融产品和服务的设计创新发展速度很快。如荷兰银行等一些金融机构从事碳交易中介业务,提供融资担保、购碳代理、碳交易咨询等。

第七,监管不严,处罚偏低,数据质量遭遇挑战。

虽然中国已经基本建立了 MRV 机制,对重点排放企业的碳排放以及履约情况进行核查。但是,MRV 机制依赖第三方机构核查企业的碳排放报告,缺少政府相关主管部门的监管,其结果缺乏公信力,数据质量常常出现问题。

2020 年 12 月,生态环境部发布的《碳排放权交易管理办法(试行)》中规定了由地方生态环境主管部门对重点排放单位的碳排放和履约情况进行监督检查。因为监管力度不够、检查频次较低,且对虚报、瞒报碳排放报告的重点排放单位仅处以 1 万~3 万元的罚款,企业违法成本较低,数据造假的动力较大。全国碳排放权交易市场原定于 2021 年 6 月底开市,因相关数据的核查暴露出问题,正式开市时间被推迟到同年 7 月中旬。

第八,碳资产的产品化、价值化、商品化、证券化、国际化的实现路径存在挑战。

随着碳市场的开启,碳排放权具备流动的可能。在此背景下,碳成了一种可以变现的流动资产。碳资产正在成为企业继现金资产、实物资产和无形资产后的又一新型资产类型。但是不管是法律体系、碳资产开发标准、方法学、会计准则还是市场发育,中国碳市场都尚处在快速发展阶段。碳资产在产品化、价值化、商品化、证券化、国际化等各个环节都面临着不小的挑战。

第4章

参与碳交易

在经济学里，事情发生所需要的时间总是比你想的要长；
但事情一旦发生，后续变化的速度却比你想的要快。

——鲁迪格·多恩布什（Rudiger Dornbusch）　德国经济学家

　　碳交易，是一个已经到来的新机遇。碳市场将成为人人可参与、可投资，和股票、债券等市场并行的金融市场。本章重点介绍了中国碳市场的基本框架，从实操层面给出了企业和个人如何参与碳市场的建议。

4.1　中国碳市场的基本架构

4.1.1　中国碳交易的"两个市场"

前文笔者提到,碳排放权交易将全球气候治理过程中的科学问题、技术问题、政治问题以及可持续发展的经济问题巧妙地、紧密地结合了起来,是当前市场经济框架下解决全球变暖问题的最有效方式,碳交易机制出现的意义更像是将实现碳中和的方式从"一双厚重的鞋子"改进成了"一双灵便且舒适的跑鞋",使得国家和企业在实现低碳转型的道路上走得更轻松,也走得更远。那么,本节我们就讨论一下如何设置一套碳交易机制,使得碳交易这双鞋更"灵便舒适"。

首先,政府部门根据经济发展、环境容量以及减排目标,先设定经济体中一个或多个行业的排放总量,即总的碳排放额度,然后按照一定的规则向重点排放单位分配规定时期内的碳排放额度。当然,这个额度总量不得超过排放总量。经过一年的生产经营后,各企业根据其能源使用、生产经营活动等向省级环保部门报告碳排放量,并接受省级环保部门组织的第三方核查。纳入排放市场的企业要为其应承担责任的每一单位的排放量上缴一个单位的碳排放配额或者国家核证自愿减排量进行清缴(图4-1)。如果企业完成了清缴,就证明它完成了这一年的减排任务,如果没有完成,那么我们可以通过罚款、扣减来年配额等行政处罚方式对其进行处罚。因此,碳交易系统(ETS)也被称为"总量控制与交易机制"。

重点排放单位要为其产生的碳排放量承担责任,通常情况下,配额往往与实际碳排放量不匹配,于是就产生了交易需求。这时候,我们就需要建立一个平台,让配额可以流动起来。这样,通过市场的机制就能使资源从高碳排放的企业流向低碳排放的企业。从我们现有的顶层设计来看,根据交易形式是否具有强制性,我们可以把碳排放权交易市场分为强制性(或称履约型)碳排放权交易市场和自愿性碳排放权交易市场。

图 4-1 碳交易市场的基础产品

强制性碳排放权交易市场,最初起源于《京都议定书》。《京都议定书》规定拥有温室气体减排目标的国家须有效提供碳排放权交易平台。该交易平台是政府为控排企业发放碳配额并允许其通过买卖履约的碳排放交易体系,交易的产品主要为碳配额。

从国际上看,强制性碳排放权交易市场是目前最普遍的交易市场。截至2021 年年末,全球范围内正在运行的强制性碳排放权交易市场超过 30 个,全球主要碳市场包括欧盟碳市场、美国区域温室气体减排行动碳市场、加州碳市场等,中国的全国碳排放权交易市场以及各地方试点碳市场也是强制性碳排放权交易市场。

你可能会问：任何交易不都得遵循自愿、自主原则吗？为什么是"强制性碳排放权交易市场"呢？此"强制"非彼"强制"，强制只是对"减排"来说，并非对"交易"而言。我们建立碳市场的目的就是约束重点行业、企业的温室气体排放，让企业通过购买排放配额的方式支付环境成本。这些主体往往都是高排放行业企业，出于减排目的和主体属性，这个市场首先就应该是一个强制市场。为什么呢？因为，在控排以前，这些企业排放二氧化碳都是不用交钱的，现在突然要收费，增加了企业的生产经营成本，企业当然缺乏意愿。尤其是以往的排放大户会本能地抗拒交易。因此，只有确定行业、确定企业，将其强制纳入，才能保证市场可以有效运作。因此，我们所说的强制性碳排放权交易市场指的是对确定范围内的企业要求"强制履约"，交易还是自主进行。

但是，强制性碳排放权交易市场的制度基础是强制性的履约责任，换句话说，它只能被提供给特定行业和特定的对环境保护产生不利作用的企业来交易。假如不是传统的控排企业，根本就不排放二氧化碳，自然也就无法参与这个市场，也无法获得资源资金的流入。

强制性碳排放权交易市场基本锁定了重点排放行业和排放大户，如中国拟纳入的八大行业就占据了温室气体排放量的80％左右。在八大行业之外，有很多不产生二氧化碳，但却为碳中和、为能源转型做贡献的"低碳企业"。比较典型的有新能源企业、循环经济的企业、负碳技术企业。比如我们熟知的光伏企业隆基绿能，新能源车企理想、蔚来等。

那么，我们能否建立一个更完整的碳市场的机制，让八大行业之外的低碳行业、低碳企业也能参与进来，引导它们更好地发展，激励八大行业之外的企业为碳中和做更多的贡献呢？当然可以。因为，国家规定重点排放企业可以用配额或国家核证自愿减排量来完成清缴，由于这两种产品属性不同、来源不同、覆盖行业范围不一，我们很难用一个市场把它们都装进来。于是，我们就建立了另一个自愿性碳排放权交易市场。因此，业内也常常称"两个市场"：一个是强制性碳排放权交易市场，另一个是自愿性碳排放权交易市场。

不同于强制性碳排放权交易市场的配额来自特定行业、确定覆盖范围、确认总量，自愿性碳排放权交易市场多是出于履行社会责任、强化品牌建设、扩大社会效益等非履约目的，具有社会责任感的大型活动组织者主动采取碳排放权交易行为。这些减排量经过国家核证，就成了国家核证自愿减排量，也可以用作企业履约的指标，这一机制在业内也被称为"补充机制"（图 4-2）。

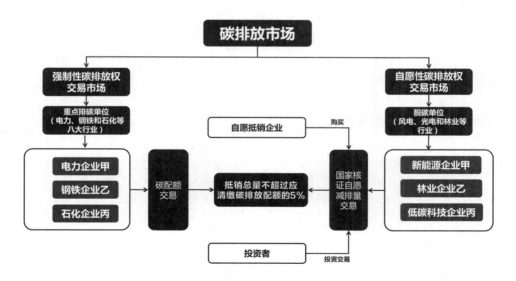

图 4-2　两个碳交易市场示意图

所以,关于碳市场也可以这么理解——目前,中国的碳市场顶层设计由"一主一辅"两个市场构成(表4-1)。

主市场为碳配额交易市场,也就是全国碳排放权交易市场,目前的交易主体主要为八大行业确定的控排企业,交易标的为国家发放的碳配额。要强调的是,这个市场是强制性碳排放权交易市场,在市场中,缺碳配额的企业可向碳配额富余的企业购买配额。而辅市场为自愿性碳排放权交易市场,也有人将其称为碳信用交易市场。交易主体主要为控排企业和自愿减排企业,交易标的主要为碳信用,如国家核证自愿减排量。在自愿性碳排放权交易市场中,控排企业和自愿减排企业能使用碳信用进行商业交易与配额清缴。

表 4-1　强制性碳排放权交易市场与自愿性碳排放权交易市场对比

比较项	强制性碳排放权交易市场(配额市场)	自愿性碳排放权交易市场(国家核证自愿减排量市场)
市场性质	政策性市场、强制性市场,政府配额分配影响市场供需与价格	自由交易市场,市场供需影响价格
交易主体	碳排放达到一定标准,有配额盈亏的控排企业	实施减排项目的企业,有抵扣需求的单位
交易标的	配额	国家核证自愿减排量
交易标的基础	政府根据控排目标发放给控排企业的排放指标	符合国家核证自愿减排量方法学,经备案的减排量
交易标的用途	用于履约清缴	用于排放量的抵扣

当然,"一主一辅"两个市场也只是阶段性的产物,在未来完全可能出现"一主两辅"三个市场,即履约市场、自愿市场、普惠市场。例如,随着市场机制的成熟,未来可能出现基于消费端的碳交易市场。所谓消费端碳交易市场,是通过

各类支付平台和消费平台做好绿色消费行为的统一记录,通过特定的量化算法和奖励分发规则实行个人碳积分制度,最终以碳普惠为切入点建立的基于消费端的碳交易市场机制。

目前,关于消费端碳交易市场鲜有相关研究和报道,但是各地方试点碳市场已经率先在交通出行、票务等领域探索建立对个人碳减排识别、记录、监测和统计的制度,也有过对个人碳减排量开展碳核算与消纳的平台。如蚂蚁森林、各地方试点碳市场正在尝试的碳普惠、碳积分机制等。未来,随着各平台和试点的迭代升级,消费端碳交易市场会由易到难,逐步扩展到绿色生活、绿色办公、绿色居住等领域,通过碳普惠行动、绿色采购、绿色快递、减少塑料品和一次性用品使用等方式,引导全社会践行绿色低碳生产生活和消费方式。消费端碳交易市场能通过加强终端消费侧管理,推动建立个人碳账户,发展碳普惠,通过量化公众低碳行为的减碳量,利用市场配置作用赋予节能减碳价值,激励公众投身低碳行动,最终达到由消费端带动生产端减排的目的。

当然,未来也完全可以将企业自愿减排增汇创造的国家核证自愿减排量以及基于消费端的碳积分市场统称为"自愿性碳排放权交易市场"。不过,"两个市场"的说法也被普遍接受。

4.1.2 碳市场的基本元素

碳市场是一个新鲜的事物,为了方便大家都能理解碳市场,笔者将以大家都很熟悉的普通商品市场为例,来说明一个成熟的交易市场的总体结构。要设置一个市场,这五个要素自然必不可少。

1. 供需关系:需求是交易形成的根源,任何一个市场都需要具备供需关系才会有交易的产生。就像为了满足日常生活需求,我们要去菜市场买米、买菜,去商场买衣服、买生活用品。通常情况下,企业的配额往往与实际碳排放量不匹配,于是就产生了交易需求。

2. 买卖双方:买卖双方构成了交易的主体。一般来说,在碳交易市场中,交易主体可被分为政府、履约企业、投资机构、非履约企业以及社会组织团体和个人六类。但是,发展阶段不同,纳入的主体也就不同,现阶段全国碳排放权交易市场由生态环境部及其所辖的各级部门承担主管责任,并负责公布纳入全国碳排放权交易市场重点企业名单(图4-3)。名单中的温室气体重点排放单位就是体系下的交易主体。缺配额的企业是买方,而配额盈余的企业是卖方。按照

图 4-3　碳市场纳入行业示意图

《碳排放权交易管理办法(试行)》规定,参与全国碳排放权交易市场交易的主体需要满足两个条件:一是属于全国碳排放权交易市场覆盖行业;二是年度温室气体排放量达到 2.6 万吨二氧化碳当量。

3.交易标的物:既是交易,肯定要有交易的标的物。在碳市场中,有两种主要商品:配额和碳减排指标。

配额,即碳排放额度,其英文及简称分别为 Chinese emission allowance 及 CEA,是政府分配给重点排放单位指定时期内的碳排放额度,是碳排放权的凭证和载体。类似地,北京、上海、广东、深圳等地方试点碳市场的碳配额简称则分别为 BEA、SHEA、GDEA、SHEA 等,1 单位配额相当于 1 吨二氧化碳当量。

碳减排指标是经核证的减排量,顾名思义,是通过第三方核证后产生的减排量。碳减排指标有国际与国内之分,国际碳市场中经核证的减排量英文全称为 Certified Emission Reduction,国内碳市场中的国家核证自愿减排量叫 Chinese Certified Emission Reduction,碳减排指标通常来自清洁能源项目。碳交易系统通常允许企业使用减排项目产生的减排量来抵销其部分的碳排放量。目前中国碳交易市场有两类基础产品,一类为政府分配给企业的碳排放配额,另一类为国家核证自愿减排量。配额对应的是"排放",针对各地方试点碳市场或全国碳排放权交易市场的控排企业,为其设定一个排放限额并发放免费配额。超出排放限额的企业需要在市场上购买配额或国家核证自愿减排量以弥补超出的部分,若采用国家核证自愿减排量来弥补即为"抵销"。

4.登记、交易场所：在传统商品市场中往往由一个交易场所来承载交易，尽管我们身处数字化时代，场所由线下转到线上，但交易场所仍是不可或缺的。为了保障碳排放权交易的顺利进行，国家在湖北武汉建立了全国碳排放权注册登记结算机构，在上海建立了全国碳排放权交易机构（图4-4）。全国碳排放权注册登记结算机构通过全国碳排放权注册登记结算系统记录碳排放配额的持有、变更、清缴、注销等信息，并提供结算服务，这些信息是判断碳排放配额归属的最终依据。全国碳排放权交易机构负责组织开展全国碳排放权集中统一交易。

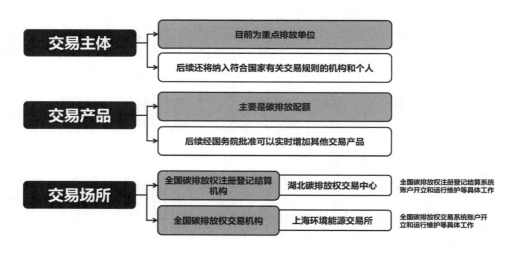

图 4-4　碳市场交易主体、产品、场所

目前，全国跟碳交易有关的系统主要有 6 个，分别为全国温室气体排放数据直报系统、全国碳排放权注册登记结算系统、全国碳排放权交易系统、碳排放权交易结算系统、碳衍生品交易所系统、全国温室气体自愿减排管理和交易中心。

在承担功能层面，湖北省和上海市分别是全国碳排放权注册登记结算系统和交易系统建设的牵头省市,其他省市共同参与系统建设和运维。全国温室气体自愿减排管理和交易中心由北京绿色交易所筹备,主要负责自愿减排项目的管理和交易,碳衍生品交易所系统则由广州期货交易所负责。

5.交易规则:不管是线下商品市场还是线上市场,都要有交易规则,这是保障交易顺利进行的必要制度安排。碳交易主要有三个层面的规范:国务院、生态环境部、交易所(图 4-5)。截至 2021 年年底,《碳排放权交易管理暂行条例(征求意见稿)》已于 2021 年 3 月份公布,《全国碳排放权交易管理办法(试行)》(征求意见稿)和《碳排放权结算管理规则(试行)》《碳排放权交易管理规则(试行)》《碳排放权登记管理规则(试行)》以及交易所的相关细则均已基本建成。当然,随着时间的推进,相关制度也在逐渐完善当中。

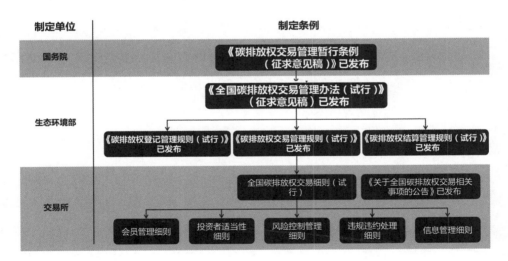

图 4-5　碳交易相关顶层设计

4.2 企业参与全国碳排放权交易市场

前文笔者介绍了碳交易的两个市场：强制性碳排放权交易市场和自愿性碳排放权交易市场。目前的全国碳排放权交易市场就是基于配额交易的强制性碳排放权交易市场，是开展碳交易的"主战场"。因此，在本节笔者主要介绍全国碳排放权交易市场，以及企业如何参与全国碳排放权交易市场。

建设碳排放权交易体系是一个复杂的工程，历经十余年，现行碳排放权交易体系主要涉及 15 个环节（图 4-6），分别是法律体系、支撑系统、确定覆盖范围、总量设定、配额分配、MRV 机制、灵活性措施、履约机制、交易机制、抵销机制、市场监管、市场调节、链接、交流与能力建设以及实施、评估与改进。每个环节均涉及或可影响体系主要特征的决策或行动，且在每个环节做出的决策与行动都相互联系、相互依存。

为了方便理解，我们可以将 15 个环节中主要的环节简单地分为 3 个阶段。

第一阶段（前置阶段）：法律体系、支撑系统建设，目前基本建成。

第二阶段（交易履约阶段）：包括确定覆盖范围、总量设定、配额分配、MRV机制、交易机制、履约机制、抵销机制。

第三阶段（后置阶段）：市场监管、市场调节、链接、交流与能力建设以及实施、评估与改进。

其中，第一阶段和第三阶段主要涉及生态环境部及其所辖的各级部门，第二阶段为碳交易的主要环节，后文笔者将做详强介绍。

图 4-6　碳交易涉及环节

4.2.1　确定覆盖范围及总量设定

生态环境部根据国家温室气体排放控制要求,综合考虑经济增长、产业结构调整、能源结构优化、大气污染物排放协同控制等因素,确定覆盖范围,制定碳排放配额总量确定与分配方案。省级生态环境主管部门根据生态环境部制定的碳排放配额总量确定与分配方案,向本行政区域内的重点排放单位分配规定年度的碳排放配额。

根据 2016 年发布的《全国碳排放权交易配额总量设定与分配实施方案》(以下简称分配方案),全国碳排放权交易市场将陆续覆盖石化、化工、建材、钢铁、有色、造纸、电力(含自备电厂)和航空八个行业中年度综合能源消耗量 1 万吨标准煤(约 2.6 万吨二氧化碳当量)及以上的企业或经济主体。此外,分配方案还规定,各省级、计划单列市生态环境主管部门可根据本地实际适当扩大纳入全国碳排放权交易市场的行业覆盖范围,增加纳入的重点排放单位,并报国务院生态环境主管部门备案。

2021 年 7 月 16 日,中国的全国碳排放权交易市场启动线上交易,纳入发电行业重点排放单位 2162 家,覆盖约 45 亿吨二氧化碳排放量。全球碳预算数据库显示,2020 年,受全球新冠肺炎疫情影响,世界各地区碳排放量普遍减少,全球碳排放量下降至 322.80 亿吨,其中美国碳排放量 47.13 亿吨,欧盟碳排放量 29.30 亿吨。也就是说,全国碳排放权交易市场的总量超过欧盟碳排放总量,接近美国碳排放总量,一上线就成为全球规模最大的碳排放权交易市场。

根据中国碳核算数据库的数据,2000—2017 年,全国碳排放量由 30.03 亿吨上升至 93.39 亿吨,其中,石化、化工、建材、钢铁、有色、造纸、电力(含自备电厂)和航空八大行业的碳排放占比由 80% 升至约 88%。按计划,"十四五"期间这八大行业将被全部纳入全国碳排放权交易市场。2020—2021 年,中国的碳排放总量基本在 100 亿吨左右。"十三五"期间年均增速已经降至 1%～2%,预计在"十四五"期间,最迟在"十五五"期间实现碳达峰是顺理成章的事情(表 4-2)。

表 4-2 各机构对 2030 年峰值测算

(单位:亿吨)

机构名称	2030 年碳排放强度较 2005 年下降 65% 以上	每个五年规划碳排放强度下降 18%
中国碳核算数据库	108	99
英国石油公司(BP)	104	100

续表

机构名称	2030 年碳排放强度较 2005 年下降 65％以上	每个五年规划碳排放 强度下降 18％
生态环境部	119	120

资料来源：中国碳核算数据库，BP，生态环境部，清华大学气候变化与可持续发展研究院，中金公司研究部。

　　很多机构都对中国达峰峰值进行过测算，大部分机构认为，中国 2030 年碳排放峰值水平在 100 亿～120 亿吨。基于此，笔者乐观估计全国碳排放权交易市场纳入总量将有望达到 80 亿吨左右。自 2021 年 7 月 16 日正式启动线上交易以来，全国碳排放权交易市场累计运行 114 个交易日，碳排放配额累计成交量 1.79 亿吨，累计成交额 76.61 亿元，平均单价为 42.8 元/吨。参照全国碳排放权交易市场价格及地方试点碳市场价格：在配额交易比例为 5％时，年度碳市场交易额在 321.3 亿～440.8 亿元；在配额交易比例为 10％时，年度碳市场交易额在 642.6 亿～881.5 亿元（表 4-3）。

表 4-3　碳达峰阶段碳交易规模预测

行业	2020 年碳排放量/亿吨	碳达峰排放量/亿吨	年度配额交易比例/％	碳交易规模/亿元（参照全国碳排放权交易市场价格 60 元/吨）	碳交易规模/亿元（参照地方试点碳市场价格 80 元/吨）
发电	43.5	45.7～47	5～10	137.1～141.0 274.2～282.1	182.8～188.1 365.6～376.1
航空	1	1.1	5～10	3.2～3.3 6.3～6.5	4.2～4.3 8.4～8.6
钢铁	21	22.1～22.7	5～10	66.2～68.1 132.4～136.2	88.2～90.8 176.5～181.6

续表

行业	2020 年碳排放量/亿吨	碳达峰排放量/亿吨	年度配额交易比例/%	碳交易规模/亿元（参照全国碳排放权交易市场价格 60 元/吨）	碳交易规模/亿元（参照地方试点碳市场价格 80 元/吨）
建材	14.8	15.5～16.0	5～10	46.6～48.0 93.3～96.0	62.2～64.0 124.4～128.0
造纸	1.67	1.80	5～10	5.3～5.4 10.5～10.8	7.0～7.2 14.0～14.4
石化	9.37	9.8～10.1	5～10	29.5～30.4 59.1～60.4	39.4～40.5 78.7～81.0
有色金属	6.61	6.9～7.1	5～10	20.8～21.4 41.7～42.9	27.8～28.6 55.6～57.2
化工	4	4.2～4.3	5～10	12.6～13.0 25.2～25.9	16.8～17.3 33.6～34.6
八大行业合计	—	—	5～10	321.3～330.6 642.6～661.1	428.4～440.8 856.8～881.5

数据来源：英大证券研究所。

笔者以欧盟碳市场作为参考，因为它是目前世界上最大、最成熟的碳市场。从 2005 年开始运行，截至 2020 年，欧盟碳市场配额交易量达到了 81 亿吨，换手率达到了 400%——是配额总量的 4 倍多，交易量占全球碳交易总量的90%，交易额达到 2010 亿欧元，约 1.4 万亿元。

欧盟碳市场第一阶段就覆盖了电力、钢铁、水泥、化工等行业，第二阶段纳入了航空业，第三阶段又纳入了建筑业。而全国碳排放权交易市场纳入总量是欧盟碳市场的 4 倍之多，至于换手率、成交额要达到欧盟碳市场水平还需要时间培育。

4.2.2　配额分配

明确了碳排放覆盖范围及总量,那么下一步就是怎么把确定的总量分给每家企业。而配额分配是整个过程中最复杂的一环,也是利益冲突最多的一个环节。

所以,在分配之前,我们要在配额分配方法上做选择。根据是否有偿,配额分配方法可分为有偿分配法和免费分配法(图 4-7)。有偿分配包括拍卖和固定价格出售。目前,鲜有采用固定价格出售进行分配的情况,拍卖是配额有偿分配采用的主要方法。利用拍卖方法分配配额,配额分配和总量设定的关系比较简单,只要在市场上将设定的配额总量拍出就行了。目前,欧盟及瑞士碳市场、美国区域温室气体减排行动碳市场均有拍卖制。

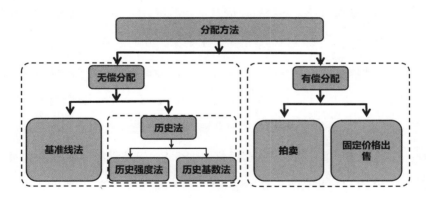

图 4-7　碳配额发放方法

根据中国碳排放权交易总体方案设计的特点,目前,中国碳排放权交易的配额以免费分配为主,拍卖为辅,即主要采用基于行业碳排放绩效基准的免费配额分配方法,但是在部分地方试点碳市场如深圳、上海、广东、湖北也允许配额拍卖。但是全国碳排放权交易市场 2019—2020 年配额实行全部免费分配。

预计后续碳排放配额分配以免费分配为主，但也会根据国家有关要求适时引入有偿分配，采用"免费＋拍卖"的混合形式。

无偿分配又可以分为两种：历史法和基准线法（表4-4）。

所谓"历史法"，也称"祖父法"，欧盟碳市场一开始采用"祖父法"进行分配，就是根据企业的历史排放水平来分配配额。如果按照历史法来分配，很容易把碳配额分解。假如，A电厂2019—2020年每年的碳排放在100万吨，那么2021年给整个行业设置一个5％的下降率，那么2021年其很可能拿到95万吨的配额。而B电厂往年碳排放在50万吨，那么2021年其很可能拿到47.5万吨的配额。历史法简单、易行，但是细看，历史法有很明显的内在不合理性。采用这种方法等于说，以前排得多，现在分到的也多，谁历史上污染多，谁就能获得更多的配额，很明显这种方法违背了设立碳市场的初衷。

所谓"基准线法"，就是根据行业的基准线分配，不让企业"纵向"跟自己的历史排放比，而是"横向"跟整个行业的排放水平比。就是在某个行业的排放水平上画一条线，行业内企业的配额统一根据这条线来分配。自然，这条线达到较先进的行业平均排放水平，才能起到促进企业减排的作用。比如，假设当下市场上火电厂的碳排放平均水平是1000克二氧化碳/度，我们确定火电的碳排放基准线值是900克二氧化碳/度，那么一家电厂每年的配额，就是它的年计划发电量乘以900克。假设A电厂排放水平高于这条线，其配额肯定不够，就需要到市场上去买。而B电厂较为先进，排放水平低于基准线，则会产生富余配额，可以拿到市场上去卖。一进一出之间，资本、资源、资金就会流向具有比较优势的企业。

相比之下，我们发现采用基准线法比较科学，但现实却存在着大量的挑战。我们第一阶段将电力行业纳入碳交易市场，采用基准线法尚可，毕竟，电力产业的产品"电"几乎是无差别的产品。

表 4-4　配额分配方法比较

名称		分配方式	优点	缺点
历史法	历史基数法	排放主体若干年的排放均值×减排系数	有利于减排大的企业，尤其是重工业领域中产能落后的企业	排放越多反而获得越多配额
	历史强度法	企业的历史排放强度×减排系数×产量	配额随着产品产量的变化调整，能鞭策行业企业提升效能	规模扩张快的企业容易成本上升过快
基准线法		行业基准值×产量	利好排放强度位于行业基准线以下的技术水平较高企业	需要掌握全行业的投入、产出、排放等数据

但是将这个方法用到其他行业你马上就会发现问题。最大的挑战就是"三化"的问题，也就是不同企业"能源使用多元化""生产流程复杂化""过程排放多样化"，不同的行业生产出来的产品，肯定大有不同。给这些产品不同、产地不同、生产工艺也不同的行业定基准线是一项非常大的挑战。尽管配额在各行业是互通的，但各个行业的基准线划分方式又不尽相同，很难去找到生产活动对应的排放因子，很难统一划定基准。比如，对一家生产两种以上产品的企业，很难划定产品的基准线。更何况，一个行业可能有成千上万家企业，而一家企业的产品又何止一两种？即使行业内的企业在基准线划分上得到了公平对待，要做到石化、化工、建材、钢铁、有色、造纸、电力（含自备电厂）和航空八大行业配额分配公平又是一个很大的挑战。

当然，采取任何方法都很难做到绝对的公平，但是可以做到相对公平。有一个故事，两个人在森林里遇到一只老虎，一个人赶紧从背后取下一双轻便的运动鞋换上，另一个人骂道："你干吗呢，再换鞋也跑不过老虎啊！"答："我只要跑得比你快就行了。"碳交易市场就是这样的一只"老虎"，督促行业、企业形成碳比较优势,从而倒逼生产调整、行业优化、产业升级。所以,碳交易市场既是一个金融机制,加强了资金资源的流动,更是一个筛选机制,存优去劣。

目前,免费配额的分配主要采用基准线法和历史强度法。基准线法适用于统计数据相对完善,产品相对单一的行业。比如,电力行业,还有建材行业中的水泥生产类。以发电行业为代表的第一批纳入全国碳排放权交易市场的行业,大多满足采用行业基准法计算配额的要求,而历史强度法适用于生产工艺复杂或数据基础不完善的行业。因此,要各行各业采用同样的碳配额分配方法会有很大的挑战。

在国内试点地区中,上海率先出台了碳排放核算指南、各试点行业核算方法和分配方法。为了让大家更好地理解碳配额,笔者列出了上海市 2013—2020 年度配额方案(表 4-5)。

表 4-5　上海市 2013—2020 年碳配额分配方案

年份	覆盖行业	分配方法	计算方法
2013—2015 年	钢铁、石化、化工、有色、建材、纺织、造纸、橡胶、化纤等行业	历史强度法	企业年度碳排放配额＝历史排放基数＋先期减排配额＋新增项目配额
	商场、宾馆、商务办公建筑及铁路站点		企业年度碳排放配额＝历史排放基数＋先期减排配额
	电力行业	基准线法	企业年度碳排放配额＝年度单位综合发电量碳排放基准×年度综合发电量×负荷率修正系数
	航空、机场		企业年度碳排放配额＝年度单位业务量碳排放基准×年度业务量＋先期减排配额
	港口		企业年度碳排放配额＝年度单位吞吐量碳排放基准×年度吞吐量＋先期减排配额

续表

年份	覆盖行业	分配方法	计算方法
2016 年	发电企业	基准线法	企业年度基础配额＝单位综合发电量碳排放基准×年度综合发电量×负荷率修正系数
	电网企业		企业年度基础配额＝单位供电量线损率基准×本市电力排放因子×年度供电量
	供热企业		企业年度基础配额＝单位综合供热量碳排放基准×年度综合供热量
	汽车玻璃企业		企业年度基础配额 $= \sum$ 单位产品碳排放基准 n ×年度产品产量 n
	工业企业	历史强度法	企业年度基础配额 $= \sum$ 历史强度基数 n ×年度产品产量 n
	航空、港口及水运企业		企业年度基础配额 $=$ 历史强度基数×年度业务量
	自来水生产企业		企业年度基础配额 $=$ 历史强度基数×年度供水量
	商场、宾馆、商务办公、机场等建筑,以及产品复杂、近几年边界变化大、难以采用基准线法或历史强度法核算配额的工业企业	历史基数法	企业年度基础配额＝历史排放基数

续表

年份	覆盖行业	分配方法	计算方法
2017—2020 年	发电企业	基准线法	企业年度基础配额＝单位综合供电量碳排放基准×年度综合供电量×综合修正系数
	电网企业		企业年度基础配额＝单位供电量线损率基准×本市电力排放因子×年度供电量
	供热企业		企业年度基础配额＝单位综合供热量碳排放基准×年度综合供热量
	工业企业	历史强度法	企业年度基础配额＝$\sum$（历史强度基数 n×年度产品产量 n）
	航空、港口及水运企业		企业年度基础配额＝历史强度基数×年度业务量
	自来水生产企业		企业年度基础配额＝历史强度基数×年度供水量
	商场、宾馆、商务办公、机场等建筑，以及产品复杂、近几年边界变化大、难以采用基准线法或历史强度法的工业企业	历史基数法	企业年度基础配额＝历史排放基数

注：根据上海市 2013—2020 年碳排放配额分配方案整理。

如表 4-5 所示，在碳市场开展前期（2013 年至 2015 年），上海采用了国际上较为普遍的"历史法"和"基准线法"，并结合上海实际进行了一定的深化和完善。比如，对钢铁、石化、化工、建材、纺织等除电力外的工业以及商场、宾馆等建筑采用"历史强度法"。

简单来理解就是,基于排放主体历史排放水平,结合其减排贡献,综合确定其碳排放配额,即重点排放单位配额＝历史排放基数＋前期减排配额,其中工业领域可以增加新增项目配额,而建筑领域没有。而对电力、航空、机场、港口等,上海采用了"基准线法",就是基于行业排放水平和实际业务量确定企业年度碳排放配额,年度碳排放配额＝年度单位碳排放基准×产量,当然,具体行业不同,略有修正。

但是,2016—2020 年,上海配额分配方法有较大的调整。一是对发电、电网、供热、汽车玻璃等较易标准化的行业采用基准线法。二是新增了历史强度法,覆盖工业企业、航空、港口及水运企业和自来水生产企业,简单点理解,就是基于企业历史排放水平及当年生产量来确定企业年度碳排放配额,即年度碳排放配额＝年度单位碳排放基准×产量。这种方法主要针对碳排放量会随产量变化而变化的企业。而对于商场、宾馆、商务办公、机场等建筑,以及产品复杂、边界变化大的工业企业仍然采用历史基数法,即企业年度基础配额＝历史排放基数。

4.2.3　MRV 机制

理论上,纳入碳交易市场的企业在全国碳排放权注册登记结算机构登记注册,拿到配额后,就可以去全国碳排放权交易机构交易了(如何开展碳交易见下一节)。但是,并不是盲目地交易,而是要看看自己是有"余粮"还是"缺粮"才去交易。如果说,自身的碳排放量与配额刚好匹配,则完全没有必要去增加中间的交易成本。

那么怎么判断自己是"有余粮"还是"缺粮"呢？这就要看自身的碳排放量来说话了。那是不是自己根据用能来核算，自己测算出多少就是多少了呢？当然不是，这需要引入一个机制——MRV机制。

另外，因为碳排放权和传统的商品有着很大的区别，不像黄金、石油，碳排放权看不见摸不着，是一种虚拟商品，本质上来说就是一串国家分配的数据。如果基础数据有问题，个别企业甚至造假、篡改数据，那么发放的配额就会出现问题。为了确保企业报上来的排放量准确、客观、真实，我们做顶层设计时也需要一套科学的制度安排。因此，MRV机制成了直接影响配额分配和企业履约的关键，是整个交易体系的核心环节之一，也是建立碳排放权交易体系的基石。

MRV机制，又称监测、报告与核查机制，3个字母是monitoring（监测）、reporting（报告）和verification（核查）的缩写。MRV机制的概念来源于《联合国气候变化框架公约》第13次缔约方大会提出的对发达国家缔约方支持发展中国家缔约方加强减缓气候变化国家行动的可监测、可报告和可核查的相关要求。

MRV机制的工作是这么展开的（表4-6）：第一步，企业对碳排放源的能源消耗等产生碳排放的设备进行监测，取得初步的能源消耗等数据，这就是监测（M）；第二步，在取得能源消耗等数据后，按照碳排放测算的标准和方法进行碳排放测算，把能源消耗等数据换算成碳排放数据，再按照固定的格式形成企业的碳排放报告，这就是报告（R）；第三步，由政府委托第三方机构对企业提交的碳排放报告进行核查，进一步验证数据真实性，这就是核查（V）。任何一个碳排放权交易市场都离不开一个公平、公正、透明的MRV机制。MRV机制建立后，重点排放单位的配额分配与实际排放量数据就有了坚实的基础。

表 4-6　MRV 机制参与方的职责分工

分工项	生态环境部	省级生态 环境厅（局）	重点排放 单位	核查机构
总体 管理	编制指南、总体安排、 监督管理			
核算		受理监测计划备案申 请,受理变更	制订监测计划、申 请监测计划变更	
报告		受理排放报告	编制上一年度温 室气体排放报告	
核查		受理核查申诉	对核查有异议可 提出申诉	编制核查 报告
监督 检查	通过对排放报告和核 查报告进行复查等方 式实施监督检查	通过对排放报告和核 查报告进行复查等方 式实施监督检查	配合检查	编制复查 报告

4.2.4　开户与交易

MRV 机制建立后,碳交易就有了坚实的基础。企业通过对比配额分配与实际排放量的差值,就知道自己是否需要进行碳交易了。企业要进行碳交易,有三个步骤(图 4-8)。

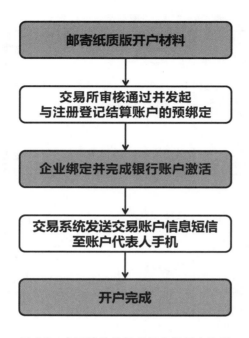

图 4-8 全国碳排放权交易市场开户流程

第一步,开户。开户流程为:重点排放单位提出开户申请—交易机构材料审核—注册登记结算账户预绑定—激活—账号发放。首先,重点排放单位需要向交易机构提交纸质开户申请材料(表 4-7)。交易机构在收到纸质申请材料之后,在交易系统中审核开户材料。审核通过后,系统会自行发起交易账户与注册登记结算账户的预绑定。然后,重点排放单位需要完成绑定银行卡的操作,这一步是激活交易账户的关键。最后是发放交易账号,交易机构会把交易账号的客户号、操作员号、初始密码发送到账户代表人手机中。

表 4-7　开户材料清单①

序号	材料
1	全国碳排放权交易系统开户申请表；
2	全国碳排放权交易用户服务协议；
3	全国碳排放权交易风险揭示书；
4	账户代表授权委托书原件；
5	企业法人代表身份证复印件；
6	账户代表人身份证复印件；
7	联系人身份证复印件；
8	企业营业执照副本复印件；
9	企业组织机构代码证复印件(如有)；
10	税务登记证明复印件(如有)。

被纳入全国碳排放权交易市场的重点企业名单中的交易主体要在湖北武汉的全国碳排放权注册登记结算系统注册登记,并在上海的全国碳排放权交易系统开通交易账户,由省级生态环境部门负责给企业发放配额。企业获取配额后可将配额划转到交易账户,并在企业的账户中记录碳排放配额的持有、变更、清缴、注销等信息(全国碳排放权注册登记结算系统网址——https://ucweb.chinacrc.net.cn)。

第二步,碳配额分配到企业账户后,企业通过对比配额分配与实际排放量的差值,就知道自己碳配额的盈缺量了,也就知道自己是否需要参加碳交易了(图 4-9)。这一步也是为履约做准备。

---

① 根据 https://www.cneeex.com 公开资料整理。

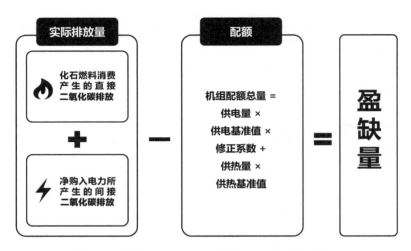

图 4-9　企业碳配额盈缺量对比（以电力行业为例）

第三步,开展碳交易(图 4-10)。尽管这个过程涉及好几大系统,设计起来复杂,但实际上交易起来比较简单。那么我们的交易是怎么进行的呢? 这个有点类似于股票交易。如果我们在交易所与另一个主体发生了交易,那么交易所

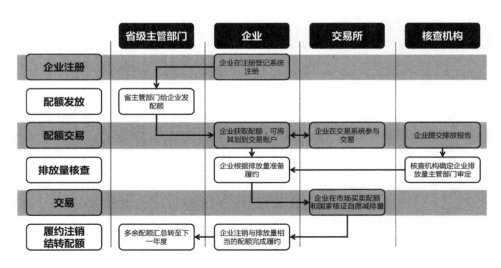

图 4-10　企业参与碳交易全过程

会把交易信息发送至注册登记结算系统。注册登记结算系统根据交易信息对我们的碳账户和交易对手方的碳账户进行数额增减,到此就完成了一笔碳交易。

目前《碳排放权交易管理办法(试行)》规定,全国碳排放权交易市场的交易产品为碳排放配额,重点排放单位每年可以使用国家核证自愿减排量抵销碳排放进行清缴,抵销比例不得超过应清缴碳排放配额的 5%。

根据《碳排放权交易管理规则(试行)》的规定,碳排放权交易通过全国碳排放权交易系统进行,可采取协议转让、单向竞价或者其他符合规定的方式。《关于全国碳排放权交易相关事项的公告》规定,主要的交易方式包括三类(图 4-11)。

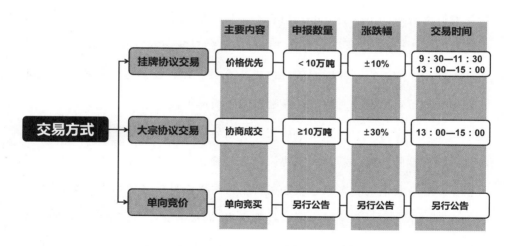

图 4-11　全国碳排放权交易市场交易规则

一是挂牌协议交易。申报数量在 10 万吨以下,交易主体通过实时挂单行情,以价格优先的原则,在对手方实时最优五个价位内以对手方价格为成交价依次选择,提交申报完成交易。碳排放配额交易以"每吨二氧化碳当量价格"为计价单位,买卖申报量的最小变动计量为 1 吨二氧化碳当量,申报价格的最小变动计量为 0.01 元。

二是大宗协议交易。申报数量在 10 万吨以上,交易主体可发起买卖申报,或与已发起申报的交易对手方进行对话议价或直接与对手方成交。

三是单向竞价。交易主体向交易机构提出卖出申请,交易机构发布竞价公告,符合条件的意向受让方按照规定报价,在约定时间内通过交易系统成交。

我们上面通过股票市场进行了一个对比,当然碳交易市场与股票市场也有着较大的不同之处。

一是交易标的不同。股票是由上市公司发行的一种有价证券。在股票市场中,投资者可通过自身对企业、行业发展前景、相关资讯的把握,有选择性地购买看好的股票。不同的上市公司投资价值和股票交易价格各有不同。而在碳交易市场中,现阶段所有交易双方进行交易的对象是唯一的,即碳配额,并且对从不同企业购买得到的碳配额可以进行合并。这种交易标的的同一性决定了在碳交易市场中某一时间只存在唯一的碳交易价格。

二是买方报价不同。股票市场交易方式分为集合竞价与连续竞价,而碳市场现阶段有挂牌协议交易和大宗协议交易两种交易方式。在股票市场中,投资者根据对企业价值的判断来申报购买价格。在碳交易市场挂牌协议交易中,控排企业可以不向交易系统提交买入挂牌申报,而根据交易系统中所呈现的卖方价格,选取最低价直接摘牌完成交易。而对于大宗协议交易,单笔买卖最小申报数量应当不小于 10 万吨,且有 30% 的涨跌幅限制。此外,控排企业申报碳配额交易时还需要参照自身的碳减排成本,一般选择的卖方报价要低于自身的碳减排成本。

三是卖方报价不同。在股票市场中,持有公司股票的投资者可以自主向系统申报卖出价格,并且申报价格可以低于股票成本,理论上甚至可以接近 0。尤其在股票走势不好时,投资者为了减少损失会选择赔本卖出股票。而在碳交易市场中,碳配额卖出企业基本为配额盈余企业,这样的企业没有履约压力,既可以选择将盈余配额在市场上出售,也可以选择结转至下一年履约,通常会考虑自身的节能降碳成本以及当前自愿减排项目的成交价格。

按照交易标的和交易场所,碳排放权交易的市场类型可分为一级市场、二级市场。

一级市场是对碳排放权进行初始分配的市场体系。政府完全垄断碳排放权,政府是一级市场的卖方,买方则包括下级政府和履约企业,交易标的是碳排放权,政府对碳排放权的价格有着极强的控制力。

二级市场是碳排放权的持有者(下级政府和企业)开展现货交易的市场体系。获得碳排放权的下级政府和履约企业数量有限,下级政府和履约企业获得碳排放权后将同时获得对碳排放权的支配权,因此二级市场的卖方也有限。

4.2.5　履约机制

履约是碳排放权交易周期的压轴环节,当然也是最重要的环节之一。强有力的履约机制是碳排放权交易体系的支柱,是碳排放权交易信用的先决条件。只有拥有严格的履约机制,才能敦促重点控排单位履行义务,确保整个碳交易落地实施。

履约是指重点排放单位经第三方机构核查后,按照碳排放权交易主管部门要求,提交不少于其上年度经确认排放量的排放配额或抵销量。

在履约前,企业通常会基于第三方核查机构核查后的二氧化碳排放量与所获得的配额进行比较,产生配额盈余则可以出售获利或者留到下一年使用,配额不足的企业则要在市场上买配额或抵销。如果企业完成了清缴,就表示该年度减排任务完成。

整体上来看,履约过程分为这六大步骤(图4-12):设置履约范围、发放省级履约通知书、发放企业履约通知书、生成履约抵销国家核证自愿减排量、企业提交履约申请以及省级审核履约申请。其中,设置履约范围、发放省级履约通知书、生成履约抵销国家核证自愿减排量这三个步骤是由注册登记结算机构来操作的,发放企业履约通知书、省级审核履约申请两个步骤由省级主管部门完成。而重点排放单位仅需要完成提交履约申请这一个操作,当然企业需要时时关注动态,并根据自身配额的盈缺量来进行碳交易。

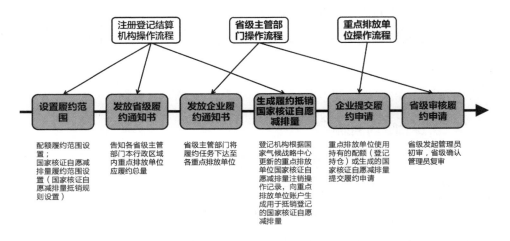

图 4-12　重点排放企业履约流程

如果没有完成,那么我们可以通过罚款、扣减来年配额等行政处罚方式对其进行处罚。但是因为碳交易的存在,配额不足的重点排放单位可以通过购买配额或者通过购买国家核证自愿减排量来完成配额履约(图 4-13)。

一是购买配额,即从其他配额盈余者手中购买配额。这种方式成本较高,但因为重点排放单位购买的配额没有上限,在不计较成本和市场上有充足的待售配额的情况下,重点排放单位完全可以通过购买配额满足自身排放量需求,完成配额履约。但是,全国碳排放权交易市场目前未对预借原则进行约定。提醒注意的是,在进行碳交易时,从交易系统发起划转申请后,申请划转的配额是到第二个工作日,即 $T+1$ 日,才能真实地到达注册登记结算系统用来履约。

二是购买国家核证自愿减排量抵销自身排放。与配额不同,国家核证自愿减排量是自愿性碳排放权市场交易的商品,指的是国家核查确定企业通过减排项目所贡献的减排量。常见的减排项目有风能、光能发电,以及植树造林、发展循环经济等。这些项目帮助社会减少了多少碳排放,国家会有相应的核证标准,经过认证,这个减排量就成为碳市场上交易的商品。抵销信用的使用允许被覆盖排放源的排放总量超过总量控制目标,但由于超出的排放量被抵销信用所抵销,因此总体排放结果不变。根据赋予减排量以信用效力的法规的规定,不管是全国还是各地方试点碳市场基本都允许用抵销信用代替配额完成履约义务。当然由于这是一种补充机制,所以国家核证自愿减排量的价格通常低于配额的价格。因此,重点排放单位购买抵销信用抵销自身排放可以降低配额履约成本。但是,全国和各地方试点碳市场对抵销信用的使用量都有严格的限制。比如,全国碳排放权交易市场设定重点排放单位所使用的国家核证自愿减排量占排放总量的 5%。关于抵销机制笔者将在下一节详细展开。

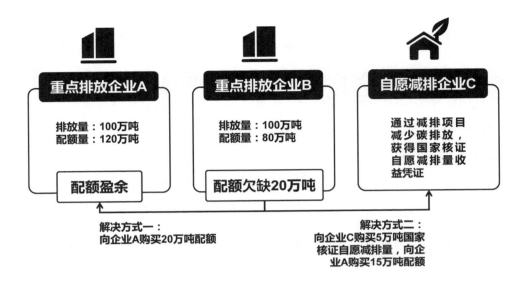

图 4-13　重点排放企业履约方式

当然,碳交易对履约周期也有一定的要求。如果履约周期无限长,则失去了督促减排的意义了。履约期是指从配额分配到重点排放单位向政府主管部门上缴配额的时间,通常为一年或几年。履约期通常由政府主管部门综合考虑排放量、排放数据等实际情况而定。目前,我们碳交易履约周期也具有一定的不确定性。比如2021年10月26日,生态环境部发布《关于做好全国碳排放权交易市场第一个履约周期碳排放配额清缴工作的通知》,要求各地的生态环境厅(局)督促发电行业重点排放单位尽早完成全国碳排放权交易市场第一个履约周期配额清缴,也就是说,中国第一个履约周期是两年,即2019—2020年。而中国的九大地方试点碳市场履约周期通常为一年。

短履约期的设定,可以在短期内明确减排目标,能起到较好的减排效果并且有利于降低体系总量目标不合理、宏观经济影响等因素导致市场失效的风险。长履约期的安排,可以使碳交易参与主体在履约期内根据不同年份的实际排放情况与配额拥有情况调整配额使用方案,有利于减少短期配额价格波动,降低减排成本。[①]

碳排放权交易管理办法(试行)

第一章　总　则

第一条　为落实党中央、国务院关于建设全国碳排放权交易市场的决策部署,在应对气候变化和促进绿色低碳发展中充分发挥市场机制作用,推动温室气体减排,规范全国碳排放权交易及相关活动,根据国家有关温室气体排放控制的要求,制定本办法。

第二条　本办法适用于全国碳排放权交易及相关活动,包括碳排放配额分配和清缴,碳排放权登记、交易、结算,温室气体排放报告与核查等活动,以及对前述活动的监督管理。

第三条　全国碳排放权交易及相关活动应当坚持市场导向、循序渐进、公平公开和诚实守信的原则。

第四条　生态环境部按照国家有关规定建设全国碳排放权交易市场。

全国碳排放权交易市场覆盖的温室气体种类和行业范围,由生态环境部拟订,按程序报批后实施,并向社会公开。

第五条　生态环境部按照国家有关规定,组织建立全国碳排放权注册登记机构和全国碳排放权交易机构,组织建设全国碳排放权注册登记系统

[①]　闫云凤著,《中国碳排放权交易的机制设计与影响评估研究》。

和全国碳排放权交易系统。

全国碳排放权注册登记机构通过全国碳排放权注册登记系统,记录碳排放配额的持有、变更、清缴、注销等信息,并提供结算服务。全国碳排放权注册登记系统记录的信息是判断碳排放配额归属的最终依据。

全国碳排放权交易机构负责组织开展全国碳排放权集中统一交易。

全国碳排放权注册登记机构和全国碳排放权交易机构应当定期向生态环境部报告全国碳排放权登记、交易、结算等活动和机构运行有关情况,以及应当报告的其他重大事项,并保证全国碳排放权注册登记系统和全国碳排放权交易系统安全稳定可靠运行。

第六条 生态环境部负责制定全国碳排放权交易及相关活动的技术规范,加强对地方碳排放配额分配、温室气体排放报告与核查的监督管理,并会同国务院其他有关部门对全国碳排放权交易及相关活动进行监督管理和指导。

省级生态环境主管部门负责在本行政区域内组织开展碳排放配额分配和清缴、温室气体排放报告的核查等相关活动,并进行监督管理。

设区的市级生态环境主管部门负责配合省级生态环境主管部门落实相关具体工作,并根据本办法有关规定实施监督管理。

第七条 全国碳排放权注册登记机构和全国碳排放权交易机构及其工作人员,应当遵守全国碳排放权交易及相关活动的技术规范,并遵守国家其他有关主管部门关于交易监管的规定。

第二章 温室气体重点排放单位

第八条 温室气体排放单位符合下列条件的,应当列入温室气体重点排放单位(以下简称重点排放单位)名录：

（一）属于全国碳排放权交易市场覆盖行业；

（二）年度温室气体排放量达到 2.6 万吨二氧化碳当量。

第九条　省级生态环境主管部门应当按照生态环境部的有关规定，确定本行政区域重点排放单位名录，向生态环境部报告，并向社会公开。

第十条　重点排放单位应当控制温室气体排放，报告碳排放数据，清缴碳排放配额，公开交易及相关活动信息，并接受生态环境主管部门的监督管理。

第十一条　存在下列情形之一的，确定名录的省级生态环境主管部门应当将相关温室气体排放单位从重点排放单位名录中移出：

（一）连续二年温室气体排放未达到 2.6 万吨二氧化碳当量的；

（二）因停业、关闭或者其他原因不再从事生产经营活动，因而不再排放温室气体的。

第十二条　温室气体排放单位申请纳入重点排放单位名录的，确定名录的省级生态环境主管部门应当进行核实；经核实符合本办法第八条规定条件的，应当将其纳入重点排放单位名录。

第十三条　纳入全国碳排放权交易市场的重点排放单位，不再参与地方碳排放权交易试点市场。

第三章　分配与登记

第十四条　生态环境部根据国家温室气体排放控制要求，综合考虑经济增长、产业结构调整、能源结构优化、大气污染物排放协同控制等因素，制定碳排放配额总量确定与分配方案。

省级生态环境主管部门应当根据生态环境部制定的碳排放配额总量确定与分配方案，向本行政区域内的重点排放单位分配规定年度的碳排放配额。

第十五条 碳排放配额分配以免费分配为主，可以根据国家有关要求适时引入有偿分配。

第十六条 省级生态环境主管部门确定碳排放配额后，应当书面通知重点排放单位。

重点排放单位对分配的碳排放配额有异议的，可以自接到通知之日起七个工作日内，向分配配额的省级生态环境主管部门申请复核；省级生态环境主管部门应当自接到复核申请之日起十个工作日内，作出复核决定。

第十七条 重点排放单位应当在全国碳排放权注册登记系统开立账户，进行相关业务操作。

第十八条 重点排放单位发生合并、分立等情形需要变更单位名称、碳排放配额等事项的，应当报经所在地省级生态环境主管部门审核后，向全国碳排放权注册登记机构申请变更登记。全国碳排放权注册登记机构应当通过全国碳排放权注册登记系统进行变更登记，并向社会公开。

第十九条 国家鼓励重点排放单位、机构和个人，出于减少温室气体排放等公益目的自愿注销其所持有的碳排放配额。

自愿注销的碳排放配额，在国家碳排放配额总量中予以等量核减，不再进行分配、登记或者交易。相关注销情况应当向社会公开。

第四章　排放交易

第二十条　全国碳排放权交易市场的交易产品为碳排放配额,生态环境部可以根据国家有关规定适时增加其他交易产品。

第二十一条　重点排放单位以及符合国家有关交易规则的机构和个人,是全国碳排放权交易市场的交易主体。

第二十二条　碳排放权交易应当通过全国碳排放权交易系统进行,可以采取协议转让、单向竞价或者其他符合规定的方式。

全国碳排放权交易机构应当按照生态环境部有关规定,采取有效措施,发挥全国碳排放权交易市场引导温室气体减排的作用,防止过度投机的交易行为,维护市场健康发展。

第二十三条　全国碳排放权注册登记机构应当根据全国碳排放权交易机构提供的成交结果,通过全国碳排放权注册登记系统为交易主体及时更新相关信息。

第二十四条　全国碳排放权注册登记机构和全国碳排放权交易机构应当按照国家有关规定,实现数据及时、准确、安全交换。

第五章　排放核查与配额清缴

第二十五条　重点排放单位应当根据生态环境部制定的温室气体排放核算与报告技术规范,编制该单位上一年度的温室气体排放报告,载明排放量,并于每年 3 月 31 日前报生产经营场所所在地的省级生态环境主管部门。排放报告所涉数据的原始记录和管理台账应当至少保存五年。

重点排放单位对温室气体排放报告的真实性、完整性、准确性负责。

重点排放单位编制的年度温室气体排放报告应当定期公开，接受社会监督，涉及国家秘密和商业秘密的除外。

第二十六条 省级生态环境主管部门应当组织开展对重点排放单位温室气体排放报告的核查，并将核查结果告知重点排放单位。核查结果应当作为重点排放单位碳排放配额清缴依据。

省级生态环境主管部门可以通过政府购买服务的方式委托技术服务机构提供核查服务。技术服务机构应当对提交的核查结果的真实性、完整性和准确性负责。

第二十七条 重点排放单位对核查结果有异议的，可以自被告知核查结果之日起七个工作日内，向组织核查的省级生态环境主管部门申请复核；省级生态环境主管部门应当自接到复核申请之日起十个工作日内，作出复核决定。

第二十八条 重点排放单位应当在生态环境部规定的时限内，向分配配额的省级生态环境主管部门清缴上年度的碳排放配额。清缴量应当大于等于省级生态环境主管部门核查结果确认的该单位上年度温室气体实际排放量。

第二十九条 重点排放单位每年可以使用国家核证自愿减排量抵销碳排放配额的清缴，抵销比例不得超过应清缴碳排放配额的5%。相关规定由生态环境部另行制定。

用于抵销的国家核证自愿减排量，不得来自纳入全国碳排放权交易市场配额管理的减排项目。

第六章　监督管理

第三十条　上级生态环境主管部门应当加强对下级生态环境主管部门的重点排放单位名录确定、全国碳排放权交易及相关活动情况的监督检查和指导。

第三十一条　设区的市级以上地方生态环境主管部门根据对重点排放单位温室气体排放报告的核查结果,确定监督检查重点和频次。

设区的市级以上地方生态环境主管部门应当采取"双随机、一公开"的方式,监督检查重点排放单位温室气体排放和碳排放配额清缴情况,相关情况按程序报生态环境部。

第三十二条　生态环境部和省级生态环境主管部门,应当按照职责分工,定期公开重点排放单位年度碳排放配额清缴情况等信息。

第三十三条　全国碳排放权注册登记机构和全国碳排放权交易机构应当遵守国家交易监管等相关规定,建立风险管理机制和信息披露制度,制定风险管理预案,及时公布碳排放权登记、交易、结算等信息。

全国碳排放权注册登记机构和全国碳排放权交易机构的工作人员不得利用职务便利谋取不正当利益,不得泄露商业秘密。

第三十四条　交易主体违反本办法关于碳排放权注册登记、结算或者交易相关规定的,全国碳排放权注册登记机构和全国碳排放权交易机构可以按照国家有关规定,对其采取限制交易措施。

第三十五条　鼓励公众、新闻媒体等对重点排放单位和其他交易主体的碳排放权交易及相关活动进行监督。

重点排放单位和其他交易主体应当按照生态环境部有关规定,及时公开有关全国碳排放权交易及相关活动信息,自觉接受公众监督。

第三十六条 公民、法人和其他组织发现重点排放单位和其他交易主体有违反本办法规定行为的,有权向设区的市级以上地方生态环境主管部门举报。

接受举报的生态环境主管部门应当依法予以处理,并按照有关规定反馈处理结果,同时为举报人保密。

第七章 罚 则

第三十七条 生态环境部、省级生态环境主管部门、设区的市级生态环境主管部门的有关工作人员,在全国碳排放权交易及相关活动的监督管理中滥用职权、玩忽职守、徇私舞弊的,由其上级行政机关或者监察机关责令改正,并依法给予处分。

第三十八条 全国碳排放权注册登记机构和全国碳排放权交易机构及其工作人员违反本办法规定,有下列行为之一的,由生态环境部依法给予处分,并向社会公开处理结果:

(一)利用职务便利谋取不正当利益的;

(二)有其他滥用职权、玩忽职守、徇私舞弊行为的。

全国碳排放权注册登记机构和全国碳排放权交易机构及其工作人员违反本办法规定,泄露有关商业秘密或者有构成其他违反国家交易监管规定行为的,依照其他有关规定处理。

第三十九条 重点排放单位虚报、瞒报温室气体排放报告,或者拒绝履行温室气体排放报告义务的,由其生产经营场所所在地设区的市级以上地方生态环境主管部门责令限期改正,处一万元以上三万元以下的罚款。逾期未改正的,由重点排放单位生产经营场所所在地的省级生态环境主管部门测算其温室气体实际排放量,并将该排放量作为碳排放配额清缴的依据;对虚报、瞒报部分,等量核减其下一年度碳排放配额。

第四十条　重点排放单位未按时足额清缴碳排放配额的,由其生产经营场所所在地设区的市级以上地方生态环境主管部门责令限期改正,处二万元以上三万元以下的罚款;逾期未改正的,对欠缴部分,由重点排放单位生产经营场所所在地的省级生态环境主管部门等量核减其下一年度碳排放配额。

第四十一条　违反本办法规定,涉嫌构成犯罪的,有关生态环境主管部门应当依法移送司法机关。

第八章　附　则

第四十二条　本办法中下列用语的含义:

(一)温室气体:是指大气中吸收和重新放出红外辐射的自然和人为的气态成分,包括二氧化碳(CO_2)、甲烷(CH_4)、氧化亚氮(N_2O)、氢氟碳化物(HFCs)、全氟化碳(PFCs)、六氟化硫(SF_6)和三氟化氮(NF_3)。

(二)碳排放:是指煤炭、石油、天然气等化石能源燃烧活动和工业生产过程以及土地利用变化与林业等活动产生的温室气体排放,也包括因使用外购的电力和热力等所导致的温室气体排放。

(三)碳排放权:是指分配给重点排放单位的规定时期内的碳排放额度。

(四)国家核证自愿减排量:是指对我国境内可再生能源、林业碳汇、甲烷利用等项目的温室气体减排效果进行量化核证,并在国家温室气体自愿减排交易注册登记系统中登记的温室气体减排量。

第四十三条 本办法自 2021 年 2 月 1 日起施行。

4.3 企业参与自愿性碳排放权交易市场

除了基于全国碳排放权交易市场的强制性碳排放权交易市场外,还存在一种自愿性碳排放权交易市场,这个市场的产生源于非控排企业低碳发展的需求。在上一节,笔者介绍了全国碳排放权交易市场以及企业如何参与。那么本节,笔者将介绍自愿性碳排放权交易市场,以及企业如何开发以及参与国家核证自愿减排项目。

4.3.1 抵销机制与国家核证自愿减排量

2021 年发布的《碳排放权交易管理办法(试行)》第三十一条抵销机制规定,重点排放单位可使用国家核证自愿减排量或生态环境部另行公布的其他减排指标,抵销其不超过 5% 的经核查排放量。1 单位国家核证自愿减排量可抵销 1 吨二氧化碳当量的排放量。用于抵销的国家核证自愿减排量应来自可再生能源、碳汇、甲烷利用等领域减排项目,在全国碳排放权交易市场重点排放单位组织边界范围外产生。也就是说重点排放单位的履约方式有两种:一是清缴配额,另一种是用不超过总排放量 5% 的国家核证自愿减排量来代替。

正是由于有两种履约机制和产品,加之为了鼓励重点排放单位之外的行业都进行绿色转型,我们产生了两个市场。基于总量控制的强制性碳排放权交易市场——全国碳排放权交易市场,以及自愿性碳排放权交易市场。自愿性碳排放权交易市场是补充机制,适用抵销规则(图 4-14)。

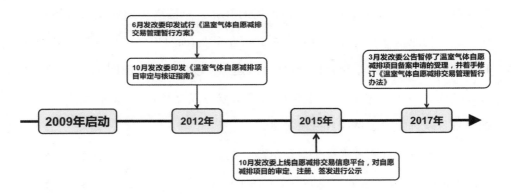

图 4-14　自愿性碳排放权交易市场发展历程

国家核证自愿减排量指的是在中国境内对特定项目的温室气体减排效果进行量化核证,并在国家自愿减排交易注册登记系统中登记的温室气体减排量,控排企业在清缴履约时,国家核证自愿减排量可被用于抵销碳排放量。与此对应的是国际碳市场中经核证的减排量,简称 CER,是清洁发展机制项目产生的减排量。二者的关系可以这么理解,国家核证自愿减排量是由《京都议定书》下清洁发展机制的交易标的核证减排量衍生出的中国版。

国家核证自愿减排量是以项目开发的形式获得的碳减排效益,通过认证后可以成为交易的碳资产。因此,这也要求国家核证自愿减排量具有以下三个特定的属性。一是真实性。要求减排项目必须是真实存在的,并且通过项目的建设和运行，能够切实有效地产生碳减排效益，且与申报材料中所述保持一致。二是可测量性。要求项目产生的碳减排量必须是可测量的、可核算的，并且对数据的监测、收集和获取过程有严格的规定，以确保减排量数据的准确性。三是额外性，项目活动所产生的减排量相对于基准线是额外的。

与配额相比，国家核证自愿减排量交易有着明显的几个特征。

1. 国家核证自愿减排量交易是一种补充机制，自愿性碳排放权交易市场是对控制总量的强制性碳排放权交易市场的补充。全国碳排放权交易市场根据抓大放小的原则，纳入了高能耗、高排放行业企业；而自愿性碳排放权交易市场和国家核证自愿减排量交易机制的安排，是一项很好的补充制度，不管大小、是否高排放，只要能产生国家核证自愿减排量就可以交易，控排企业可购买用于抵销自身碳排的国家核证自愿减排量。

2. 国家核证自愿减排量交易是"自愿"的，有别于"强制"的碳配额交易，但要经过严格的程序"核证"，能够获得国家许可，且是出于环保企业自发的减排行为。

3. 国家核证自愿减排量交易来源于可再生能源、林业碳汇、甲烷利用等领域减排项目，在全国碳排放权交易市场重点排放单位组织边界范围外产生。

4. 1 单位国家核证自愿减排量交易可抵销 1 吨二氧化碳当量的排放量，抵销比例不得超过应缴碳排放配额的 5％。

回顾国家核证自愿减排量交易的发展历程（图 4-15），2009 年国家发改委启动国家自愿碳交易行为规范性文件的研究和起草工作，2012 年 6 月《温室气体自愿减排交易管理暂行办法》印发施行。该办法规范的是中国温室气体自愿减排交易活动，保证自愿性碳排放权交易市场的公开、公正和透明，可以提高企业参与减缓气候变化行动的积极性。2012 年 10 月印发的《温室气体自愿减排项目审定与核证指南》进一步为自愿减排机制的实施和推广提供了系统性的管理规范。

2015 年 10 月,国家发改委上线中国自愿减排交易信息平台,在该平台上对自愿减排项目的审定、注册、签发进行公示,签发后的减排量进入备案的自愿减排交易所交易,可以用来抵减企业碳排放(图 4-16)。2017 年 3 月国家发改委发布公告暂停了温室气体自愿减排项目备案申请的受理,并着手修订《温室气体自愿减排交易管理暂行办法》,主要原因在于暂行办法施行中存在国家核证自愿减排量供大于求、交易量小、项目不规范等问题。目前尚有待生态环境部明确最终的自愿减排交易改革方案,重启国家核证自愿减排项目和减排量审批。

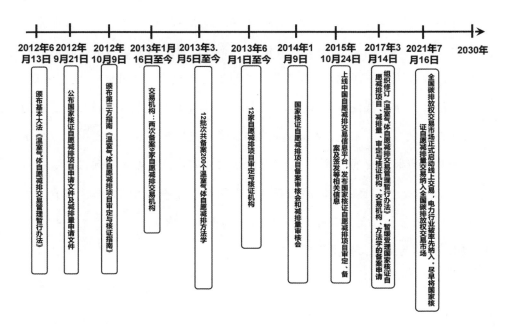

图 4-15　国家核证自愿减排量市场发展历程

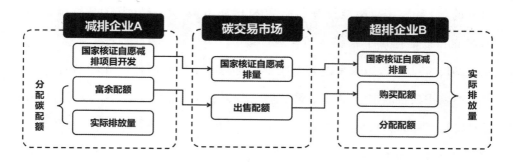

图 4-16   重点排放企业抵销机制示意图

目前,从市场上来看,抵销机制的适用条件在各试点地区存在一定的差异,一般而言主要集中在以下五个层面(表 4-8):1.抵销的信用类型绝大多数都是国家核证自愿减排量,部分地区还可以将节能项目碳减排量、林业碳汇项目碳减排量(如福建、北京的林业碳汇项目碳减排量)或经试点地区审定签发的企业单位和个人减排量用于抵销(如广东的碳普惠核证自愿减排量);2.各地区均对抵销使用比例进行了限制,一般来说不得超出当年核发配额量的一定百分比,其中上海和北京最低仅 5%,深圳、广东、天津、湖北和福建为 10%;3.各试点地区大多对地域进行了限制,大多为本试点地区内或与各试点合作或由试点指定的基于某些行业项目的省份;4.各试点地区均根据其自身需求对项目类型进行了限制,比如水电项目由于高昂的开发成本和对生态环境的干扰被大部分市场排除;5.各试点地区大多对可用于抵销的国家核证自愿减排量设置了一些时效性的限制(如基于相关减排量产生的时间)。

表 4-8　碳信用抵销机制

市场	信用类型	比例限制	类型限制	地域限制	时效限制
全国	国家核证自愿减排量	5%	无	无	2017 年 3 月之前完成减排量备案
上海	国家核证自愿减排量	5%	所属自愿减排项目应为非水电类型项目	长三角以外地区产生的国家核证自愿减排量抵销比例不超过 2%	2013 年 1 月 1 日后的减排量
北京	国家核证自愿减排量、北京核证自愿减排量	5%	非水电项目及非氟化烃、全氟碳化物、氧化亚氮、六氟化硫气体的项目	50% 以上来自北京	2013 年 1 月 1 日后的减排量
广东	国家核证自愿减排量、碳普惠核证自愿减排量	10%	1.二氧化碳或甲烷气体的减排量占项目减排量 50%的 2.不能是水电项目、化石能源的发电、供热和余能利用项目	70% 以上来自广东	非来自在联合国清洁发展机制执行理事会注册前就已经产生减排量的清洁发展机制项目
天津	国家核证自愿减排量	10%	仅来自减排二氧化碳气体项目；非水电项目	50% 以上来自京津冀地区	2013 年 1 月 1 日后的减排量
湖北	国家核证自愿减排量	10%	农村沼气、林业类项目	来自长江中游城市群和湖北区域的贫困县（包括国定和省定）	2015 年 1 月 1 日后的减排量

续表

市场	信用类型	比例限制	类型限制	地域限制	时效限制
重庆	国家核证自愿减排量	8%	1.节约能源和提高能效 2.清洁能源和非水可再生能源 3.林业碳汇 4.能源活动、工业生产过程、农业、废弃物处理等领域减排 5.明确排除水电减排项目	全部来自重庆本地	2010 年 12 月 31 日后的排放量
深圳	国家核证自愿减排量	10%	1.可再生能源和新能源项目类型中的风力发电、太阳能发电、垃圾焚烧发电、农村户用沼气和生物质发电项目 2.清洁交通减排项目 3.海洋固碳减排项目 4.林业碳汇项目 5.农业减排项目	1.风电、光伏、垃圾焚烧来自广东(部分地区)、新疆、西藏、青海、宁夏、内蒙古、甘肃、陕西、安徽、江西、湖南、四川、贵州、广西、云南、福建、海南等 2.全国范围内的林业碳汇、农业减排项目 3.其余项目类型需要来自深圳市和与深圳市签署碳交易区域战略合作协议的省份地区	暂无

4.3.2　国家核证自愿减排机制与清洁发展机制

国家核证自愿减排机制最早可以追溯到《京都议定书》关于清洁发展机制的规定。2005 年 2 月《京都议定书》满足生效条件,成为人类历史上首次以法规形式限制温室气体排放的协定。随着《京都议定书》一起生效的,还有清洁发展机制。因此,全球掀起了一股清洁发展机制项目开发的热潮。

　　清洁发展机制是《京都议定书》下基于项目的温室气体抵销机制。笔者在第一章介绍了碳排放的外部性、超时空性,也就是说无论你是在法国巴黎产生的减排,还是在中国长三角、珠三角、东北地区的减排,其对全球应对气候变化工作的效果都是一样的。正是基于碳排放的属性,清洁发展机制旨在帮助具有约束性减排目标的工业化国家(通常是发达国家)以更具成本效益的方式减少全球温室气体排放,允许它们投资没有约束性目标的低收入或发展中国家(图4-17)。清洁发展机制可以被简单地理解为,发达国家在《联合国气候变化框架公约》下,向发展中国家"买碳"的机制。内蒙古自治区辉腾锡勒风电场项目于 2005年 6 月 26 日正式在联合国清洁发展机制执行理事会注册成功,是中国第一个在联合国注册成功的清洁发展机制项目,也是世界上第一个注册成功的风电项目。2017 年 6 月,北京上庄燃气热电有限公司的区域能源中心项目完成注册,这成为迄今为止最后一个清洁发展机制注册项目。

图 4-17　国际清洁发展机制

你会发现,国家核证自愿减排机制与清洁发展机制十分相似,即允许高排放的主体向低排放的主体购买国家核证自愿减排量,用以抵销自身配额的不足。在发展历程上,二者渊源颇深。从国内自愿减排项目的发展时间线上看,可以说二者都是国内自愿性碳排放权交易市场"接力赛"的"运动员"。

2004 年 7 月国家发改委印发《清洁发展机制项目运行管理办法》,文件提出中国清洁发展机制项目实施的优先领域、许可条件、管理和实施机构、实施程序以及相关安排,并于 2005 年 10 月 12 日开始实施。在此背景之下,2005 年至 2012 年,中国清洁发展机制项目注册数量激增,当时中国几乎可以提供全球清洁发展机制所需项目的一半以上(图 4-18)。

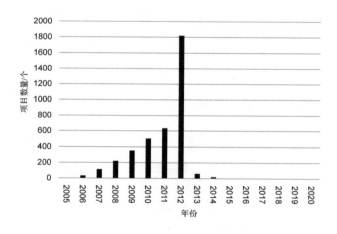

图 4-18　中国清洁发展机制注册项目数量

然而,从 2013 年开始,欧盟碳市场进入第三阶段,其规定可抵销的核证减排量需来自最不发达国家且抵销比例遭到大幅削减。与此同时,《京都议定书》第一承诺期于 2012 年结束,且美国在气候变化政策上反复,使得控制全球气候变化的进展遭到阻滞,清洁发展机制市场需求急剧萎缩,核证减排量价格一度跌至 1 美元/吨。

面对国际碳减排合作的停滞和核证减排量市场的萎缩,中国于 2012 年启动了国家核证自愿减排项目,并与同期建立的地方试点碳市场进行联动,允许地方试点碳市场的控排企业使用一定比例的国家核证自愿减排量抵销。

在 2012 年后,国家核证自愿减排机制成为清洁发展机制的有力补充。从时间意义上,可以说国家核证自愿减排机制是清洁发展机制的继承者。

两者在项目形式、开发机制、项目方法学上具有诸多相似性。国家核证自愿减排机制与清洁发展机制两者主要的不同点在于,清洁发展机制是由联合国清洁发展机制执行理事会签发、在国际碳市场上交易,其产品是核证减排量。而国家核证自愿减排量则是由国家发改委签发,在国内碳市场上交易。此外,两者在应用时间、发展市场、资质限制、开发流程、项目方法和开发成本等方面也存在一些差异(表 4-9)。

表 4-9　国家核证自愿减排机制与清洁发展机制的差异

项目类型	清洁发展机制	国家核证自愿减排机制
应用时间	2005—2013 年	2013—2017 年
发展市场	国际市场	中国市场
资质限制	开工后 6 个月以内备案,且外资不得在项目占多数股比	仅要求 2005 年 2 月 16 日之后开工
开发流程	由联合国清洁发展机制执行理事会签发,并需要经减排国家主管部门审定批准	由生态环境部应对气候变化司签发,流程更为简便
项目方法	一类是传统的大型单个清洁发展机制项目活动,另一类针对小微项目,流程更简化、费用更少	几乎全部沿用了清洁发展机制中的项目方法学,且对于大型项目和小微项目流程没有区别

续表

项目类型	清洁发展机制	国家核证自愿减排机制
开发成本	较高,需要向联合国清洁发展机制执行理事会和项目所属国家政府缴纳注册管理费用	较低,无须缴纳注册管理费用,且不涉及国际沟通,不存在信息不透明情况

4.3.3　国家核证自愿减排项目开发和交易情况

2021 年 2 月开始施行的《全国碳排放权交易管理办法(试行)》规定,重点排放单位可使用国家核证自愿减排量或生态环境部另行公布的其他减排指标,抵销其不超过 5% 的经核查排放量。1 单位国家核证自愿减排量可抵销 1 吨二氧化碳当量的排放量。用于抵销的国家核证自愿减排量应来自可再生能源、碳汇、甲烷利用等领域减排项目,在全国碳排放权交易市场重点排放单位组织边界范围外产生。

但是,因《温室气体自愿减排交易管理暂行办法》施行中存在国家核证自愿减排量不够规范、减排备案远大于抵销速度、交易空转过多等问题,2017 年 3 月,国家发改委暂停了国家核证自愿减排项目的备案审批。不过,2021 年 10 月发布的《关于做好全国碳排放权交易市场第一个履约周期碳排放配额清缴工作的通知》对可用国家核证自愿减排量的产生时间做了进一步说明:"因 2017 年 3 月起温室气体自愿减排相关备案事项已暂缓,全国碳排放权交易市场第一个履约周期可用的 CCER 均为 2017 年 3 月前产生的减排量。"也就是说,国家核证自愿减排项目目前暂停开发,但是对 2017 年 3 月份之前产生的减排量仍然可以进行交易。

在国家核证自愿减排项目开发方面,在国家发改委发布公告暂停温室气体自愿减排项目备案申请之前,即 2012 年—2017 年 3 月,5 年累计公示项目审定 2852 个,项目备案 1047 个,减排量备案 254 个,实际减排量备案项目为 234 个(有 20 个项目重复记录)。

首先,就公示项目类型而言,可再生能源居多,共计 2032 个,占公示项目总数的 71％,其中风电 947 个、光伏 833 个、水电 134 个、生物质能 112 个、地热 6 个;其次,是避免甲烷排放类项目,共计 406 个,占公示项目总数的 14％;最后,是废物利用类项目,共计 180 个,占公示项目总数的 6％。

从数量上看,风电、光伏和避免甲烷排放这 3 种类型项目数量居前三,其中风电和光伏两类占比就超过 60％(图 4-19)。从体量上看,水电项目单体规模较大。

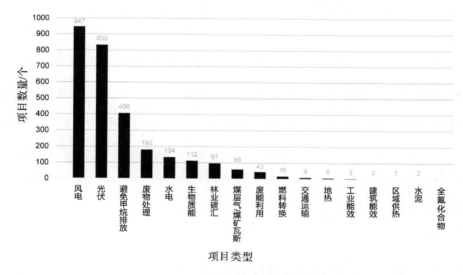

图 4-19 国家核证自愿减排项目类型

就公示项目总减排量的地区而言,年减排总量超过 1000 万吨的省份有 11 个,这 11 个省份分别是:四川(2982 万吨)、内蒙古(2514 万吨)、山西(2423 万吨)、新疆(2321 万吨)、贵州(1604 万吨)、河北(1560 万吨)、甘肃(1496 万吨)、江苏(1469 万吨)、云南(1161 万吨)、山东(1119)、湖南(1092 万吨)。

在国家核证自愿减排量的交易方面,在全国碳排放权交易市场启动之前 9 个地方试点碳市场都可以进行国家核证自愿减排量交易。因为价廉同质,符合规定的优质国家核证自愿减排量被市场迅速消化,广泛用于重点排放单位的履约清缴。

不仅成交量上涨,国家核证自愿减排量的价格也在上涨。在全国碳排放权交易市场允许将国家核证自愿减排量用于履约后,国家核证自愿减排量价格迅速走高。在全国碳排放权交易市场开市之前,各类国家核证自愿减排量价格基本在几元到十几元不等。全国碳排放权交易市场开市以后,迅速跃升至每吨20～30 元。国家核证自愿减排量价格和全国碳排放权交易市场配额价格产生趋近效应。

在历史成交情况方面,上海能源环境交易所统计,截至 2021 年年底,中国国家核证自愿减排量累计交易量为 2.68 亿吨,其中:上海碳市场国家核证自愿减排量累计成交量持续领跑,达 1.1 亿吨,占比 41%;广东碳市场排名第二,超过 5600 万吨,占比 21%;北京、深圳、四川、福建和天津的国家核证自愿减排量累计成交量在 1000 万～3000 万吨,占比分别在 4%～10%;湖北碳市场交易不足 1000 万吨。

4.3.4 开发国家核证自愿减排项目

笔者在前文介绍了国家核证自愿减排机制与清洁发展机制的历史渊源以及二者的异同,我们可以发现国家核证自愿减排机制在很大程度上沿袭了清洁发展机制项目的框架和思路。

国家核证自愿减排项目和清洁发展机制项目一样需要签发,只不过清洁发展机制项目需要联合国清洁发展机制执行理事会签发,国家核证自愿减排项目签发的流程比较类似清洁发展机制项目。国家核证自愿减排项目开发也要遵循严格的项目备案和减排量备案流程,主要包括六个步骤,依次是:项目设计文件(PDD)、项目审定、项目备案、项目实施与监测、减排量核查与核证、减排量签发。再加上交易与注销环节,就是国家核证自愿减排项目的全生命周期。

我们可以把国家核证自愿减排项目的全生命周期分为四个阶段。

第一阶段:项目评估阶段。这一阶段可以被理解为项目的前置阶段,评估项目是否具备开发潜力。评估主要关注方法学适用性、额外性论证方案、减排量预估和监测要求三个方面。方法学是指,用于确定国家核证自愿减排项目与基准线相比较、进行额外性论证、计算减排量、制订监测计划等的方法指南。有方法学的项目才可以被开发,没有方法学的项目需要先申请方法学备案。项目场景与方法学吻合度越高,开发成功率越高。从实际经验来看,额外性是项目开发成功与否的重要因素。所谓额外性是指,国家核证自愿减排项目所产生的减排量相对于基准线是额外的,即该项目在没有外部国家核证自愿减排机制支持的情况下,存在财务、技术、融资、风险和人才方面的障碍因素,原本不会被实施,但国家核证自愿减排机制帮助项目克服了障碍,使项目最终获得实施。

第二阶段:项目备案阶段。这一阶段是为了将开发项目确立为国家核证自愿减排项目,主要包括前两个步骤。一是项目设计文件,提交备案申请;二是项目审定,进行技术评估和审查。其中,项目设计文件是国家核证自愿减排项目开发的正式起点,也是申请国家核证自愿减排项目的必要依据,是体现项目合格性并进一步计算与核证减排量的重要参考,第三方审定机构将对提交的项目设计文件进行审定。

第三阶段:减排量备案阶段。这一阶段是对已确立的国家核证自愿减排项目产生的减排量进行核证备案,主要包括中间两个步骤:一是项目实施与监测,二是减排量核查与核证。其中,要完成项目实施与监测,就得编制项目监测报告(监测报告是记录减排项目数据、保障项目质量和控制程序的重要手段),并由第三方机构出具减排量核证报告,该报告经国家相关部门的审查批准后,即完成减排量备案。

第四阶段:交易、注销阶段。在经过上述步骤之后,在国家自愿减排交易注册登记系统注册国家核证自愿减排量并投入市场进行交易,重点排放单位获得国家核证自愿减排量后即可将其用于履约清缴。履约后,即完成国家核证自愿减排项目的注销。

那么一个国家核证自愿减排项目产生的减排量如何计算呢?目前,国家核证自愿减排项目的减排量采用基准线法计算。其基本的思路是:没有国家核证自愿减排项目时产生的温室气体排放与有国家核证自愿减排项目时产生的温室气体排放的差值,即为国家核证自愿减排项目的减排量。也就是说,假设在没有该国家核证自愿减排项目的情况下,为了提供同样的服务,最可能建设的其他项目所带来的温室气体排放量,减去该国家核证自愿减排项目的温室气体排放量和泄漏量。

量化完国家核证自愿减排项目的减排量后,对国家核证自愿减排项目可以产生减排量的最长时间期限又该如何计量呢?这个时间,业内管它叫“计入期”,指的是项目可以产生减排量的最长时间期限。目前,除了碳汇项目之外,一般有两种方式:固定计入期(10 年)和可更新的计入期(3×7 年,即 21 年)。值得注意的是,根据方法学的相关规定以及项目的实际操作需要,不同项目选择计入期的方式往往不同。林业碳汇碳资产项目的计入期为 20～60 年,项目备案成功后,根据林业和非林业的不同,可以持续获得 10～60 年的碳资产收益。因此,对于同一个国家核证自愿减排项目,项目备案只发生一次,而减排量备案则会因为所产生国家核证自愿减排项目的不同时段而发生多次。

经过上述四个阶段,一个国家核证自愿减排项目就走完了它的一生(图 4-20)。你可能会认为国家核证自愿减排项目的开发原来如此简单呀,实际上并不是。因为国家核证自愿减排项目没有明确的边界,即便是同类项目,其差异也很大,且流程复杂,一个国家核证自愿减排项目开发动辄 1～2 年,所以,国家核证自愿减排项目很难做到标准化,这给减排工作带来了很大的挑战。

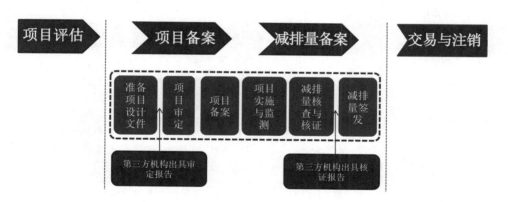

图 4-20　国家核证自愿减排项目开发流程

为了确保国家核证自愿减排项目带来的环境效益,我们需要给国家核证自愿减排项目建立一套有效的、透明的和可操作的清洁发展机制方法学,以保证项目能带来长期的、实际可测量的、额外的减排量。当然,这能方便国家核证自愿减排项目量化和开发。目前国家主管部门先后批准了 12 批共 200 个方法学,其中由清洁发展机制方法学转化的有 173 个,其余为新开发的方法学,主要涉及可再生能源、生物质能利用、垃圾焚烧发电、林业碳汇等方面。方法学涉及的主要方面包括：建立基准线的方法学、确定项目边界和泄漏估算的方法学、计算减排量和减排成本效益的方法学、监测的方法学等（表 4-10）。

国家核证自愿减排项目的开发，首先需要评估项目可行性并确定其符合方法学，项目审定和减排量核查与核证是国家核证自愿减排项目开发过程中非常重要的两个环节，审定决定了项目能否在国家发改委备案，核查则决定了项目的减排量能否获得备案。项目备案是对项目合格性的评判，而减排量备案则是对已合格项目所产生减排量的量化过程。

表 4-10　国家核证自愿减排项目开发主要方法学

国家核证自愿减排机制方法学编号	清洁发展机制方法学编号	中文名称
CM‑001	ACM0002	可再生能源联网发电
CM‑072	ACM0022	多选垃圾处理方式
CMS‑002	AMS‑I.D.	联网的可再生能源发电
AR‑CM‑001		碳汇造林项目方法学
CM‑003	ACM0008	回收煤层气、煤矿瓦斯和通风瓦斯用于发电、动力、供热和/或通过火炬或无烟氧化分解
CM‑092	ACM0018	纯发电厂利用生物废弃物发电
CM‑075	ACM0006	生物质废弃物热电联产项目
CM‑005	ACM0012	通过废能回收减排温室气体
CM‑077	ACM0001	垃圾填埋项目

尽管国家核证自愿减排机制方法学类型多样，甚至每一个类型又有细分项目，但是表 4-10 中所列为市场主流方法学。方法学库中有超过 70% 的方法学缺乏应用实例。不过，随着国家核证自愿减排量市场的重启，我们预计这些方法学也将迎来一个春天。

4.3.5　国家自愿减排系统开户及交易

2021 年 10 月 26 日,生态环境部发布《关于做好全国碳排放权交易市场第一个履约周期碳排放配额清缴工作的通知》,允许全国碳排放权交易市场中的重点排放单位使用国家自愿减排量进行配额清缴抵销。重点排放单位要获得国家自愿减排就要通过自愿性碳排放权交易市场进行购买,这就涉及国家自愿减排相关账户的开设。

目前,参与交易需要开立国家自愿减排注册登记账户和交易账户,两个账户均开立完成排放单位之间才可正常交易。根据《通知》的要求,2021 年可以选择北京绿色交易所等 9 家经备案的自愿减排交易机构中的任何一家提交注册登记账户和交易账户开立申请材料。其中,注册登记账户可以选取任意一家交易所开立即可,无需重复开立。而交易账户,可根据需要在多个交易所分别开立。

2021 年 11 月,国务院印发《国务院关于支持北京城市副中心高质量发展的意见》,其中明确提出,推动北京绿色交易所在承担全国自愿减排等碳交易中心功能的基础上,将其升级为面向全球的国家级绿色交易所。在此,笔者主要介绍北京绿色交易所的开户与交易。

自愿性碳排放权交易市场的开户主体可以是:1.重点排放单位,包括全国和地方试点碳市场重点排放单位;2.国家核证自愿减排项目业主;3.其他符合条件的机构。

开户流程:注册登记账户和交易账户开立都在同一个网址进行,即 www.ccer.com.cn。注册登记账户开户流程为网上申请—交易所初审—材料递交—

注册登记系统审核,共四环节。交易账户开户流程多了一个激活账户流程,共五个环节,即网上申请—交易所初审—材料递交—交易所终审—激活账户。若开立成功,可收到登录邮件,两个账户开立申请可同时提交,纸质材料可同时邮寄。

其中主要涉及资料可以分为两类,一类是企业和法人代表等基本信息,如企业名称、企业类型、所属行业、注册地址、法人代表等;另一类相关材料,主要是申请表及营业执照等材料。需要注意的是,两账户均开立成功后,还需要进行账户间关联绑定操作。两账户关联完成后,还需与结算账户进行关联,关联操作仍在交易系统内进行,完成结算账户的关联才能正常交易。

1. 注册登记账户涉及资料

1)国家自愿减排交易注册登记系统企业开户信息表;

2)营业执照副本复印件;

3)组织机构代码证复印件;

4)税务登记证明复印件;

5)银行开户证明复印件;

6)法人代表身份证明复印件;

7)账户代表授权书原件;

8)账户代表身份证明复印件;

9)联系人身份证明复印件;

10)其他相关材料(如自愿减排项目备案函、外商投资许可证书等)。

2. 交易账户涉及资料

1）北京绿色交易所核证自愿减排交易参与人资格申请表；

2）企业法人营业执照副本原件或其他合法主体资格证明原件扫描件；

3）北京绿色交易所自愿减排交易代表推荐函（企业）；

4）北京绿色交易所自愿减排量入场交易协议书（企业）和北京绿色交易所自愿减排交易风险提示函（企业）。

注：资料根据 https://www.cneeex.com 公开资料整理。

完成相关账户开立手续后，就可以开展国家核证自愿减排量交易了。目前，国家核证自愿减排量交易平台依托北京绿色交易所开展交易，交易形式分为线上公开交易和线下协议转让（图 4-21）。

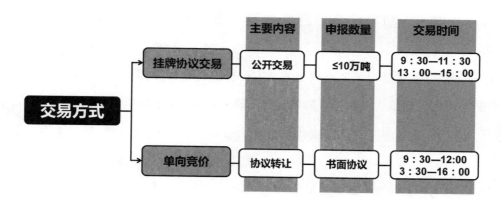

图 4-21　自愿性碳排放权交易市场交易规则

当然，在进行国家核证自愿减排量交易前肯定要保证交易账户内有足够的国家核证自愿减排量或资金。如果买入国家核证自愿减排量，需要登录交易系统，在账户管理中发起并完成"入金"操作。如果是卖出国家核证自愿减排量，需要先登录注册登记系统,将国家核证自愿减排量转至交易系统,然后才能交易。

交易方式分为定价交易和竞价交易。竞价交易包括整体和部分两种形式,其中竞价交易有三个交易日的假期,适用于需要充分发现价格的定价。交易当天没有成交则自动撤单,适用于对时效性要求较高的参与人,除在买入申报大厅自行申报外,参与人也可在外出申报大厅点击应价。无论申报或应价,都需要在适用标准一栏选择全国标准。

完成交易后,第二个交易日需在注册登记账户选择操作项目,输入转出数量,将国家核证自愿减排量转出后,进入注册登记账户进行注销操作。上述操作均由发起代表发起,确认代表复核确认。

4.3.6　国家核证自愿减排量交易重启展望

前文,笔者介绍了两个市场的基本运行逻辑和交易过程,那么基于总量控制的强制性碳排放权交易市场与自愿性碳排放权交易市场有何不同呢?

第一,主体不同。全国碳排放权交易市场由政府确定行业、确定企业,其中,大部分企业都是高能耗、高排放的重工业企业。而几乎各地所有的企业都可以参与自愿减排。减排量只要产生了,经国家认证,就可以成为国家核证自愿减排量。当然,前文笔者也提到,尽管国家核证自愿减排量可以按 1∶1 折算成碳配额,但抵销比例不得超过应清缴碳排放配额的 5%。

第二,边界不同。全国碳排放权交易市场有明确的边界,即八大行业,而自愿性碳排放权交易市场属于松散的、无边界市场,参与者可以是八大行业内的企业,也可以是八大行业外的企业。

第三,性质不同。全国碳排放权交易市场要按照碳交易体系设置的规则来进行交易,并且具有强制性。自愿性碳排放权交易市场不具有强制性,国家核证自愿减排量要符合温室气体自愿减排方法学相关规定,并经过一系列严格的程序,得到国家权威机构核证,才能成为碳资产。这个属性也就注定了碳配额与国家核证自愿减排量今后在国际碳排放市场将面临不同的境地。

第四,产品不同。全国碳排放权交易市场交易的产品是配额,而自愿性碳排放权交易市场交易的是国家核证自愿减排量。自愿性碳排放权交易市场的减排产品类型有数十种,企业可以采用其中任何一种实现其减排目标。

第五,交易场所不同。配额只能在全国碳排放权交易市场进行交易,而自愿性碳排放权交易市场大多进行线下交易。

经过对比,我们可以发现国家核证自愿减排量在碳交易中不是履约必须,其相比碳配额的优势在于价格,劣势在于履约适用性。但是不可否认,碳交易市场纳入国家核证自愿减排量抵销机制之后,由于国家核证自愿减排量具有的价格优势,抵销机制在一定程度上能有效降低控排企业的履约成本,为企业的节能减排改造保留资金。同时,抵销机制在一定程度上能为国家核证自愿减排项目的开发者提供经济收益激励,促进清洁能源、林业碳汇,以及碳捕集、利用与封存(CCUS)等低碳技术的推广和发展,从而在宏观层面实现社会减排成本最小化和绿色低碳转型的可持续化,对中国碳达峰、碳中和目标的实现具有重要意义。

自 2017 年 3 月暂停国家核证自愿减排项目备案以后,种种迹象表明国家核证自愿减排量市场或将在近期重启。

一是,客观上讲,全国碳排放权市场启动后,市场对国家核证自愿减排量的需求远超地方试点碳市场时期。全国碳排放权交易市场初期,仅纳入电力行业,但是按照5％抵销比例和40亿吨排放量计算,控排企业每年的国家核证自愿减排量需求约2亿吨。全球金融市场数据和基础设施提供商路孚特估算,2017年暂停新项目受理时,市场上的存量国家核证自愿减排量在4000万吨左右,而首个履约周期(2019—2020年)重点控排企业就一举消化了3300万吨存量国家核证自愿减排量,超过了2012—2017年的总和。也就是说,国家核证自愿减排量市场存量基本已经被消化。而且,全国碳排放权交易市场对于碳信用抵销的限制条件较地方试点碳市场更为宽松,没有项目类型和项目地域的限制,将有助于现有国家核证自愿减排量的快速消化。"十四五"期间,随着钢铁、有色、石化、化工、建材、造纸等行业被逐步纳入全国碳排放权交易市场,整体的控排规模有望扩大至80亿吨,按照5％的抵销比例,对国家核证自愿减排量的需求也将提升至4亿吨,重启国家核证自愿减排量一级市场的备案签发具有紧迫性和必要性。

二是,国际层面,2021年11月达成的《格拉斯哥气候公约》提出,国际自愿碳减排交易体系有望在两三年后开始运作。也就是说,未来全球会建立一个以联合国为中央机制,各个国家的核证减排量互认互通的市场。这也就说明,各国碳市场管控的企业可在全球相互承认的区域内购买自愿减排量,完成履约。2022年5月24日欧洲能源交易所(EEX)对外宣布,推出面向全球的四项自愿减排碳市场系列产品。1.核证减排量——CORSIA标准:符合国际航空碳抵销和减排计划(CORSIA)标准。2.核证减排量——自然准则:侧重于基于自然解决方案产生的碳信用,允许根据二氧化碳减排发生的年份来区分碳信用额。3.碳去除(carbon removal):首个在交易所上市、专注于碳清除和封存活动的合约。4.全球减排量(GER):旨在用一个产品来代表整个自愿性碳排放权交易市场,采用一揽子方法逐步实现净零排放的路径。欧洲能源交易所旗下北美Nodal

交易所将在 2022 年 6 月上市自愿减排产品,并计划于 2022 年下半年在欧洲能源交易所上市自愿减排相关产品。通过这种全球上市方式,自愿性碳排放权交易市场提供了全球性的、可以跨时区交易的产品。对中国而言,也就是说,国家核证自愿减排量有望成为国际碳交易的主力军,走出国门,走向国际碳市场交易。

三是,在国家层面,2021 年 9 月,中共中央办公厅、国务院办公厅正式发布《关于深化生态保护补偿制度改革的意见》,提出要加快建设全国用能权、碳排放权交易市场。其中,明确指出要健全碳排放抵销机制。通过"市部联建"形式支持北京市承建全国温室气体自愿减排管理和交易中心的消息不胫而走。

四是,在地方层面,2021 年 3 月北京市委办公厅、北京市人民政府办公厅印发《北京市关于构建现代环境治理体系的实施方案》,北京将完善碳排放权交易制度,承建全国温室气体自愿减排管理和交易中心。当然,从北京绿色交易所官网关于全国温室气体自愿减排管理和交易中心的招标采购以及相关专职人员的招聘公告也可以看出,我们已经在为国家核证自愿减排量市场的重启在场所、设施和人员上做准备。

4.4 个人如何参与碳交易?

随着"双碳"目标的提出,一夜之间全社会都在谋划"双碳"。毫无疑问每次时代的更迭都蕴含着巨大商机,都是经济业态的一场重大变革,每一次转变都带来了经济格局重组和巨大的造富浪潮。在碳中和的浪潮下,随着能源变革、产业变革的深入推进,社会财富在进行着一场轰轰烈烈的新造富浪潮。新的机遇自然催生了新的创造财富机会,先行者闻风而动,跟风者后知后觉,都浩浩荡荡地加入了"双碳"的浪潮当中。

《碳排放权交易管理办法(试行)》规定,符合条件的个人可以作为全国碳排放权交易市场的交易主体,参与碳排放配额交易。也就是说,碳交易将以一种金融投资方式,让更多的普通公众参与进来。

自 2011 年以来,全国在 8 个省市启动了碳排放权交易试点。其中,深圳、北京、重庆等地均允许个人参与碳交易。根据生态环境部发布的 2020 年的统计数据,中国共有 11169 个自然人参与了地方试点碳市场。欧盟和美国的碳市场也都对个人开放,使个人能够加入其中成为交易主体,像买卖股票一样买卖碳排放配额。比如,深圳碳市场就在 2013 年年底开放了异地自助开户,随后就有投资者以 35 元/吨的价格买了 30 万元的碳排放配额,在两个多月之后以 65 元/吨的价格卖出,从中获得收益。

不过,目前全国碳排放权交易系统规定:境内登记注册的法人或其他经济组织可以申请开设交易账户;境内登记注册的法人或其他经济组织,注册资本不低于 100 万元的可以申请开设配额账户;境内登记注册的企业法人或机构团体可以开设国家核证自愿减排量账户;境内登记注册且同时在上海环境能源交易所开立交易账户和配额账户的法人或其他经济组织可以申请开设远期账户。也就是说,从上述规定看来,普通投资者暂时还无法以个人身份直接参与全国碳排放权交易市场的交易。运行初期,主要参与主体还是控排企业。

但是,在地方试点碳市场中,有个人参与碳交易的先例。2011 年起,全国在 7 个省市启动了地方试点碳市场。其中,广州、深圳、重庆、四川等地均允许个人参与碳交易。不过,碳市场对个人参与者有一定的门槛要求,除了有一定的资产外还要求个人有足够的知识以及分辨风险的能力。如《重庆碳排放权交易开户指南》规定,自然人申请投资需满足以下条件:一是投资者需具有完全民事行为能力;二是具有比较丰富的投资经验、较高的风险识别能力和风险承受能力;三是金融资产在 10 万元以上;四是交易所规定的其他条件。

那个人投资者是否就无缘碳市场了呢? 当然不是。个人投资者可以通过参与地方试点碳市场、自愿性碳排放权交易市场、投资金融机构、碳普惠、参与碳汇开发等方式来参与碳交易。后文笔者将逐一介绍。

4.4.1　参与地方试点碳市场

个人参与碳交易需要在中国的各大地方试点碳市场进行。中国共有九大试点碳交易所,分别是:上海环境能源交易所、北京绿色交易所、深圳排放权交易所、天津排放权交易所、广州碳排放权交易所、海峡股权交易中心环境能源交易平台、四川联合环境交易所、重庆碳排放权交易中心、湖北碳排放权交易中心。值得注意的是,并不是每个试点碳交易所都支持个人开户,支持个人开户有 5 个:广东碳排放权交易所、海峡股权交易中心、四川联合环境交易所、重庆碳排放权交易中心、湖北碳排放权交易中心。各交易所对开户要求、资产证明标准也不一。

地方试点碳市场中,个人入市已有先例。公开资料显示,深圳碳交易获利第一人,以 30 万元买进了 7000 吨碳排放配额,两个月后获利 10 万元。根据深圳排放权交易所的统计,深圳 2013 年上半年有一半以上的成交来自机构投资者和个人投资者。

投资者可以在支持个人参与的地方试点碳市场开户后,进行碳交易。个人投资者开户流程跟股票开户流程较为相似,先按要求提交申请,通过审核后再进行开户、领取席位号、绑定银行卡、网银签约等操作,按系统提示完成操作后,可通过网上交易客户端和手机 App 进行交易。

碳市场作为一个新兴投资渠道,对于普通公众而言仍较为陌生。不过,由于碳市场流动性较低,二级市场价格很容易被小额交易所影响,在某些交易所每天的交易量可以低到几吨,只要几十元钱便可以操纵市场价格。由于各个交易所均是以二级配额市场为建设主体,因此在价格机制设计时,一般采取了其他市场价格跟随二级配额市场价格的方式。这一价格机制本身比较脆弱,在一定程度上给潜在的市场操纵者带来了套利机会。

要提醒的是,碳市场建设的出发点和落脚点都是控制温室气体排放,服务绿色低碳发展,是碳达峰、碳中和战略的政策工具,而不是为了实现个人投资而建立的投资市场,当前个人参与碳市场交易仍属于"小众投资"。与股市的不同之处在于,炒股者只需要关注上市公司的经营状况和发展空间,但参与碳交易的个人需要有更强的风险识别能力,碳市场的投资受全球经济、能源价格等多种宏观因素影响。从碳交易自身的特点来看,其信息披露程度远不及股票市场,从流动性看也难以具备大规模发展的可行性。如果投资者不熟悉相关政策、形势,那么投资风险可能会很高。

此外,如前文所分析,地方试点碳市场不排除在今后全国碳排放权交易市场稳定运行后有陆陆续续关闭的可能,所以,长远来看,不具备长线投资的价值。但是,通过参与地方试点碳市场来熟悉碳交易市场、积累碳交易经验也不失为不错的尝试。

4.4.2　参与自愿性碳排放权交易市场

个人投资者可以参与投资国家核证自愿减排量,即投资者可以去地方试点碳市场开户后购买国家核证自愿减排量来持有,待将来全国碳排放权交易市场开放国家核证自愿减排量履约后,便可进入全国碳排放权交易市场交易,但用这种方法只能交易国家核证自愿减排量。因为,全国碳排放权交易市场对国家核证自愿减排量的政策还不大明朗,所以采用这种方法存在一定风险。

不过,可以确定的是,国家核证自愿减排量市场的释放,无疑给我们带来了巨大的投资机会,我们甚至可以这么看这个机会,现在的碳交易市场类似于早期的股票市场,在这个大体量市场,我们可以提前布局,掌握先入局的价格优势,赚取投资利润差。

当然,个人也可以考虑碳汇开发,碳汇开发项目需要经过项目审定、项目注册、项目核证、项目签发,签发后的国家核证自愿减排量才可以进行市场交易。长远来看,个人投资者作为交易的"活跃因子",对增强市场的活跃度尤为重要。

4.4.3　通过投资机构间接参与碳市场

投资机构是碳市场的重要玩家,通过购买这些机构推出的碳理财产品,比如,一些专门投资碳市场的基金,也可以间接参与碳市场交易。这些基金支持控排企业在满足自身需求之外建仓配额和国家核证自愿减排量,也可能直接投资国家核证自愿减排量市场的开发,甚至投资一些碳资产开发公司,支持这些公司开发国家核证自愿减排项目。这种投资方式与投资相关控排企业的股票相比，与碳市场的关联性更强，其收益与碳市场息息相关。

另外，自 2011 年开始，中国的地方试点碳市场经历 10 年发展，一共覆盖了 100 多个小行业，参与履约的企业有 2800 多家，但投资机构就达 1000 多家。在碳市场试点的早期，超过一半的交易额都是投资机构和个人贡献的。投资机构有一定的投资回报要求，而且对市场的应对比企业和个人更灵敏，因此个人通过这些机构间接参与碳市场，也是个不错的选择。当然，目前全国碳排放权交易市场目前还不允许金融投资机构与个人参与，但是我们预测，时机合适，全国碳排放权交易市场大概率会对金融投资机构开放。

4.4.4　参与碳普惠

碳普惠是近几年兴起的一个新概念，碳普惠作为碳金融的创新模式，也能将个人的低碳行为转化为经济价值。碳普惠是指通过绿色低碳的生活方式，如低碳出行等行为在个人碳账户上积累碳积分而获得收益。

由于缺乏个人的参与，碳交易的市场活跃度不够，继而普通公众对参与碳市场的积极性不高。仅靠当前重点控排企业来消纳碳市场，无法激活市场流动性。碳普惠通过将节能减排的生活行为折算为减碳量的方式，可以吸引更多人参与碳中和，从而增加碳汇项目的实际需求量。

比如，作为目前全球规模第一的潜在个人碳市场产品——蚂蚁森林，从 2016 年至今，参与人数已突破 5.5 亿。其内部人士甚至表示，蚂蚁森林初期通过公益基金会购买个人碳账户积累绿色能量，并将其转化为植树行为，未来将参照国际上一直通行的自愿减排交易机制开展自愿减排项目交易。而这 5.5

亿用户未来有可能成为个人碳交易的潜在用户。毫无疑问,碳普惠为打开碳市场铺设了一条"快速路"。经蚂蚁森林培育过的个人进入碳市场后,无疑将极大地激活碳市场的流动性。

但是,目前对于消费端的碳交易,国家并没有较为成熟的机制。首先,其核算机制与碳市场机制大相径庭,因为消费的产品碳排放量是基于产品全生命周期的碳足迹,涉及整个产品的产业链。其次,目前对于如何降低个人的消费碳排放量也没有定论。尽管不少学者提出过,以家庭或者个人为单位,对其可消费的碳排放总量进行控制,然后超出排放部分需要购买减排量或者缴纳罚款。但这种模式只是停留在研究层面,没有任何一个国家和地区做过类似的尝试。

但是,对于纯激励型的个人碳市场机制倒是有不少地方进行了尝试,许多地方也都试水过碳普惠市场。比如,广州就搭建了全国首个城市碳普惠平台,对普通市民在日常工作生活中的乘坐公共交通工具、节电节水、旧物回收等低碳行为进行量化,进而将其转换成相应的碳币。市民可以凭碳币换取商业优惠、兑换公共服务,也可进行碳抵销或进入碳交易市场抵销控排企业碳排放配额。北京也于 2019 年 11 月推出了绿色出行碳普惠机制,鼓励和引导市民在生活中践行低碳消费、低碳出行、低碳生活的理念。当用户的碳减排量积累到一定数量用户就可以用其兑换各种福利,如视频网站会员、代金券等。此外,重庆、深圳、青岛等地也做了类似的探索。

不过,当前的消费端碳市场,还有另外一个不被看好的原因,在于这个市场的主体——消费品自身的 MRV 机制还未确立。产品碳足迹的核算相对于企业层面要复杂很多,如果相关的 MRV 机制没有建立起来,那么产品碳足迹也无法计算。因此,现在的碳普惠机制基本都是个人出行产生的减排,真正消费掉的排放主要来自产品,如房产、车辆、电子产品、衣物等,而这些产品缺乏碳足迹信息,个人也无法区分低碳产品和高碳产品,消费端的减排也就无从谈起。

不过随着产品碳足迹以及 MRV 机制的发展,相信今后,所有产品都会被强制披露碳排放信息。那么基于消费端的碳交易市场就有进入主流市场的可能,甚至成为实现全球碳中和不可或缺的一项制度。因此,我们预计,未来将提供更多的碳普惠产品,以更多元化的方式实现个体碳中和。比如,中国工程院院士、生态环境部环境规划院院长王金南院士就提出建立一个自愿性的个人碳收支体系的主张。通过个人碳收支体系把每一个人的出行用电、用气等生活的碳足迹、碳排放量算出来,然后给个人发放碳配额,通过个人实际的排放量与配额对比,形成个人碳信用。

第5章

碳市场未来
怎么走？

人们总是高估一个新技术、新事物的短期影响力，
而低估它的长期影响力。

——比尔·盖茨

　　近年来，以碳中和为目标的绿色低碳日益发展成为全球经济增长的主流模式，国内、国际碳市场都在迅速发展。本章讨论了碳市场的发展方向，就企业如何布局碳交易上下游业务及碳金融、如何应对碳中和冲击、如何应对碳市场给出了建议，并探讨了碳中和时代背景下，人民币如何借助碳市场走出去。

5.1 企业应对建议

5.1.1 重点排放行业

2021年10月24日,《中共中央 国务院关于完整准确全面贯彻新发展理念做好碳达峰碳中和工作的意见》下发,形成了碳达峰、碳中和"1＋N"政策体系中作为"1"的关键顶层设计。紧接着,10月26日,国务院印发了《2030年前碳达峰行动方案》,对中国未来10年的碳达峰行动进行了全面规划。

国家层面的碳减排目标需要具体落实到区域层面和企业层面,作为二氧化碳排放主体的企业承担着落实具体碳减排任务的责任。全国碳排放权交易市场第一个履约周期已于2021年1月1日正式启动,并于2021年7月形成了全国统一碳市场。全国碳排放权交易市场分阶段进行,逐步扩大覆盖的行业和门槛标准,以保证实施效果的长期有效性。根据《关于切实做好全国碳排放权交易市场启动有关准备工作的通知》,全国碳排放权交易市场拟纳入石化、化工、建材、钢铁、有色、造纸、电力、航空八大行业,包括了原油加工、乙烯、电石、合成氨、甲醇、水泥熟料、平板玻璃、粗钢、电解铝、铜冶炼、纸浆制造、机制纸和纸板、纯发电、热电联产、电网、航空旅客运输、航空货物运输、机场18个行业子类。全国碳排放权交易市场拟覆盖行业及代码如表5-1所示。

表 5-1　全国碳排放权交易市场覆盖行业及代码①

行业	行业代码	行业子类（主营产品统计代码）
石化	2511 2614	原油加工（2501） 乙烯（2602010201）
化工	2619 2621	电石（2601220101） 合成氨（260401） 甲醇（2602090101）
建材	3011 3041	水泥熟料（310101） 平板玻璃（311101）
钢铁	3120	粗钢（3206）
有色	3216 3211	电解铝（3316039900） 铜冶炼（3311）
造纸	2211 2212 2221	纸浆制造（2201） 机制纸和纸板（2202）
电力	4411	纯发电 热电联产
	4420	电网
航空	5611 5612 5631	航空旅客运输 航空货物运输 机场

按照通知要求，经国务院生态环境主管部门批准，省级生态环境主管部门可适当扩大碳排放权交易的行业覆盖范围，增加纳入碳排放权交易的重点排放单位。这也意味着未来会有更多的控排企业进入市场。企业一方面要

---

① 行业代码来源：国家统计局，国民经济行业分类（GB/T 4754—2017），http：//www.stats.gov.cn/tjsj/tjbz/hyflbz/。产品统计代码来源：国家统计局，统计用产品分类目录，http：//www.stats.gov.cn/tjsj/tjbz/tjypflml/。除上述行业子类中已纳入企业外，其他企业自备电厂按照发电行业纳入。

承受碳排放超标的压力,另一方面需要寻求有效的碳减排路径来达成碳减排目标。

关于履约范围,全国碳排放权交易市场建设初期仅包括二氧化碳。二氧化碳是中国最主要的温室气体,占全国温室气体排放总量的 83.2%。但是强制报告范围还包括了《企业温室气体排放核算方法与报告指南》规定的其他温室气体。

纳入履约范围的排放类别主要包括两类:一是化石燃料燃烧导致的二氧化碳排放——占全国温室气体排放总量的近 80%,占全国二氧化碳排放总量的 85% 以上;二是外购电、热所对应的碳排放。不管是控排类企业还是非控排企业,都要严阵以待,将绿色、低碳、生态理念融入发展全过程中。

5.1.2 碳市场的冲击和机遇

2021 年 7 月,全国碳排放权交易市场正式上线,这意味着中国正式进入"碳约束"时代。各企业如何协调既定的生产发展目标与新增的碳中和目标,成了当下的新要求和新挑战。碳交易的来临,将带来五大挑战。

第一,经济或面临"全面冲击"和行业"局部洗牌"挑战。

要实现碳中和,供给侧是核心抓手,关键是处理好八大重点行业(石化、化工、建材、钢铁、有色、造纸、电力、航空)的排放问题。根据中国碳核算数据库的数据,2000—2017 年,全国碳排放量由 30.03 亿吨上升至 93.39 亿吨,这八大行业的碳排放占比由 80% 升至约 88%。在经济基础仍不稳固的当下,应该谨慎对待直接限产、关停等对供给冲击较强的措施,同时也务必要避免经济发展"硬着陆""急转弯"。但是,以碳交易为抓手的"柔性"碳供给约束,也不可避免地将导致碳排放成本的内部化，其本身就是个不小的冲击。由于中国企业数量多，不同地区企业获取碳排放配额的成本不同，当部分企业的碳减排成本超过地理转移成本时，或引起跨区域的迁移，从而引起产业、资金、人才、技术的大规模流动，这将对经济发展造成全面冲击。在日趋严峻的竞争格局下，部分落后企业甚至会面临淘汰危险。如个别产业链"链主"企业因碳交易市场而被"洗牌出局"，或引起产业链"多米诺效应"。此外，由于不同配额分配方式下的行业利润不同，碳市场的运行可能导致一些存在"碳比较优势"的行业扩张，也可能会抑制一些行业的发展。因此，对碳交易带来的对经济的"全面冲击"和行业"局部洗牌"要格外重视。

第二，企业面临前所未有的减排压力与创新压力。

随着全国碳排放权交易市场逐步成为强制减排约束型市场、控排企业获得的配额逐年降低、纳入碳市场范围和比例逐渐扩大，各重点排放企业将面临日益增长的碳减排发展压力，这将在一定程度上倒逼某些企业通过技术创新和设备更新推进绿色低碳转型。尽管，近年来全国范围关于"双碳"课题的研究及平台如雨后春笋般涌现出来，但是从整体上来看，碳达峰、碳中和相关领域高能级研发平台、龙头企业、专业服务机构及高层次人才还是相对缺乏，尤其是企业层面，"双碳"技术更是储备不足，科技管理部门力量相对薄弱，在新行业、新产品、新消费等领域缺乏强有力的企业引领。

第三，行业用能结构、产品结构面临深度优化挑战。

目前，中国存在能源消费结构偏煤、产业结构偏重、产品结构仍以碳资源密集型产品为主等问题。随着全国碳排放权交易市场覆盖范围的不断扩大、减排成本的增加与减排潜力的缩小，控排企业亟须通过提高能源使用效率、利用清洁能源等方式来降低企业碳排放。根据多个国内外权威机构的预测，中国碳价将逐步上涨,在减碳成本日益加剧情况下,行业用能结构、产品结构深度优化任务艰巨。

第四,企业成本增加,产能缩减与可持续经营矛盾升级。

碳市场的运行将导致控排企业,尤其是能源行业企业必须为使用碳排放权这一稀缺环境资源承担相应的费用。短期内,控排行业和企业用于低碳转型的生产技术成本、设置专门部门和人员应对碳排放管理和交易工作的人力资源成本、通过碳市场进行配额和国家核证自愿减排量交易的交易成本以及支付给第三方核查机构的核查成本将显著提升。此外,随着国家碳排放控制力度不断加大,企业的履约成本将不断增加。目前,中国进入高质量发展阶段,经济社会发展和民生改善仍存在更大的碳需求,控排行业和企业面临着生产经营成本上升、产能缩减和可持续发展等多重压力。

第五,碳市场前景未明,企业发展面临不确定性挑战。

当前,中国的碳市场存在碳排放监测技术相对过时、碳市场核查机构体系尚未完善、碳排放信息披露制度不完善、监管部门对未履行控排义务的企业惩罚力度偏低等问题,控排企业把握执行难度较大。同时,碳市场面临着自然、技术、经济和政策等多种不确定性风险,将显著影响投资者的积极性,目前中国碳金融市场参与度还远远不够,专业化投资群体不发达,碳金融发展缺乏专业或长期资金支持。尤其是,除北京、上海、天津、重庆、湖北、广东、深圳等具有试点碳市场的区域,其他大多数省市缺乏地方试点碳市场的运转经验,在碳市场尚未完善且存在大量不可预见因素的情况下,控排企业在参与碳市场和低碳转型方面存在一定的不确定性。

当然,碳交易市场的到来也带来了巨大的机遇。

第一，有利于降低控排行业和企业的碳排放量，完成国家下达指标。

在节能降耗空间日益缩减的情况下，碳市场为控排产业链和企业提供了一种低成本减碳的市场手段，促进产业结构向清洁低碳转型，助力控排企业降低碳排放总量和碳排放强度。根据昆山杜克大学研究团队的研究结果，在地方试点碳市场开始交易之后，控排企业碳排放量减少了 16.7%，碳排放强度下降了 9.7%。此外，高碳价和活跃的碳配额交易更能促进控排企业减排：地方试点碳市场碳排放配额的流动性每提升 1%，碳排放量就会减少 3.75%，碳排放强度会下降 2.41%；碳价每提升 1%，碳排放总量就会下降 0.043%，碳排放强度会下降 0.022%。这对很多碳排放居高不下的地区来说，是完成国家下达指标极其有力的抓手。

第二，有利于倒逼企业"向绿而生"，为产业转型升级持续注入活力。

全国碳排放权交易市场启动后，碳价将发挥市场导向作用，高能效产业企业相对低能效同行的竞争优势凸显，这将推动控排企业加快转型升级、提质增效。全国碳排放权交易市场运行初期，减排成本高的企业能够通过交易实现低成本履约，为转型升级赢得时间。此外，碳金融市场的发展将为控排企业提供新的融资渠道，并创新推出碳期权、碳期货、与碳排放权挂钩的债券等产品。企业通过期货、期权、置换、回购、质押等金融手段，不仅能够在碳市场实现套期保值、锁定风险，更能为企业提供额外的融资工具，助力企业长期发展。

第三，有利于变"压力"为"动力"，大幅提升控排产业链和企业的创新能力。

在合理的碳交易制度下，碳市场的启动及碳减排的压力有助于推动企业促进清洁低碳技术的引进和研发，通过创新驱动以达到规制要求并从中获利。从长期发展的角度来看，稳定的碳价预期为企业投资碳减排技术提供了赢利预期，可有效促进电能替代、碳捕集、氢能等高成本节能技术的研发推广。参照欧盟碳市场,相比非控排企业,欧洲控排企业的低碳技术专利数量在 2005 年后呈现大幅增长趋势。

第四,有利于增强控排企业风险规避能力。

未来中国的碳交易市场将逐渐与国际接轨。随着以碳关税为代表的绿色贸易壁垒日益成为欧美发达国家推行贸易保护的新形态,推动中国统一碳市场与国际标准对接,可以减少其他国家对中国出口产品征收碳关税所带来的冲击,有助于提升企业对在国际贸易摩擦中受损的风险的规避能力。同时,随着企业技术创新能力的提升,少数企业采用碳捕集、封存和利用技术,可以对碳价的波动起到对冲作用,赋予企业有效规避碳价波动对其经营产生影响的能力,甚至使企业可以利用碳价进行套利。

第五,有利于企业拓展新业务和产生新效益,加速推动行业"黑马"成长。

随着全国碳排放权交易市场的逐步发展完善,碳资产运营可能形成新的业务,可以通过统筹相关资源、合理安排交易策略等专业化手段,为企业带来额外收益。例如,2021 年,华润电力华东大区旗下 10 家电厂统一进行全国碳排放权交易市场第一个履约周期配额清缴,履约量总计超过 1 亿吨。得益于企业设备改造、运行优化和管理加强,华润电力华东大区在此次履约周期内,共计实现碳盈余 700 多万吨。在全国碳排放权交易市场运行初期,碳市场上的买卖双方基本都是行业背景相似的"两高大户"(高能耗、高排放企业),随着碳资产概念的不断深入和控排企业不断将碳成本压力转化为收益动力,企业间必然会形成新一轮的优胜劣汰,加速推动碳中和时代下行业黑马的出现和成长。

5.1.3　企业应对碳中和

碳中和已成为全球共识，零碳竞赛浪潮给全球的产业链、价值链和供应链带来历史性的重塑，几乎所有企业都将或主动或被动地完成低碳转型进程。把握住碳中和这阵"东风"乘势而上，开启新的发展阶段，成为当前各个企业谋求长远发展的关键所在。在《迈向碳中和：中国未来转型路径及产业机遇》一书中，笔者给出了企业应对碳中和的八个层面的建议，在此笔者结合碳交易等最新形势，将其拆分成企业应对碳中和与应对碳交易两个部分。关于企业应对碳中和，要做到以下六个层面。

第一，厘清"碳边界"。

根据世界资源研究所（WRI）和世界可持续发展工商理事会（WBCSD）制定的《温室气体核算体系》（*The Greenhouse Gas Protocol*），企业碳排放可以被分为三个范围（表5-2）。

范围一，直接碳排放，指的是企业物理边界或自有设施直接产生的碳排放，包括能源排放、工业过程排放、泄漏排放和废弃物处理排放；范围二，间接碳排放，是指虽然不是企业直接产生但是与企业强相关的排放，比如，外购电力和热力产生的间接排放；范围三，其他碳排放，这些碳排放是指不是企业直接产生的排放，但是是与企业弱相关的排放，如外购商品和服务、上下游产业链以及售出产品的使用过程等的碳排放量。一般情况下，企业的范围三只作为参考项列出，可以不计入企业总排放。

表 5-2　企业碳排放范围分类

类型	描述	说明	举例
范围一	直接碳排放	企业物理边界或自有设施直接产生的碳排放	企业燃煤锅炉、原材料生产加工、燃料燃烧、燃油车等
范围二	间接碳排放	与企业强相关的排放	企业外购电力、热力产生的排放
范围三	其他碳排放	企业正常生产经营而引起的外部排放	外购商品和服务、上下游产业链以及售出产品的使用过程等的碳排放量

因此,企业要摸排清楚企业内部的直接排放(范围一)和企业消耗外购能源过程中产生的排放(范围二)共有多少。如果是一家想要对产业链有影响力的"链主"企业,还要尽早谋划引领产业链上下游进行"零碳转型"。这并不是无理要求,而是负责任的大企业格局。因为,如果把产业链比作航母战斗群的话,"链主"企业往往是核心的航空母舰,只有整个集群实现"零碳突围",产业集群才有战斗力,如果只剩航空母舰光杆司令,其形势也必定岌岌可危。

第二,摸清"碳家底"。

企业要弄清楚自身碳排放量重点在哪些环节和部门产生,才能行之有效地贯彻落实碳达峰、碳中和战略。如果是重点控排类企业,更要将自己的"碳家底"与"碳配额"进行比较,提前做出是否要参与碳交易的谋划。如果是低碳企业,如新能源或者新能源汽车,想要在碳市场中分得一杯羹,就要尝试谋划通过减排项目开发国家核证自愿减排量,提前布局。

第三,制定"碳目标"。

每一家企业都要结合国家"3060"战略目标,分析国家政策和地方政策,明确企业约束范围,然后横向比较同行业同地区的上下游企业,围绕自身业务特征明晰发展目标和定位,制定企业碳减排的主次目标和规划,并配合出台相应的碳达峰、碳中和时间表。因为，如果除了你以外的产业链上下游都实现了"零碳"，那么你在产业链、价值链上就会成为"孤岛"，生产方式、工艺流程都很难被兼容，你面临的只是什么时候被淘汰的问题。

第四，明晰"路线图"。

企业要通过碳盘查、减排目标设定及减排举措设计三大环节，积极落实减排目标。其中，碳盘查和减排目标设定分别与摸清"碳家底"和制定"碳目标"相对应，最后是通过减排举措设计明确碳中和行动路线图。公司高层领导一定要重视企业级减排规划，要将企业集团总目标逐层分解为各部门、各岗位的减排目标和路线图，并将减排目标纳入部门负责人考核体系，设置环境关键绩效指标（environment KPI，E-KPI），提高内部各运营环节的减排积极性。最后，在公司内部交易中设立公司"碳税"，通过建立模拟市场将碳税成本计入模拟利润计算，促使各部门主动承担起碳减排责任。

第五，注重"碳风险"。

碳中和时代给企业带来发展机遇的同时，也带来了新的风险挑战，主要包括以下几个方面：气候变化可能导致原材料短缺或价格上涨的风险，企业转型过程中可能存在资产搁浅风险，企业做出转型承诺后可能面临未实现承诺的声誉风险，低碳转型过程中可能面临专业人才短缺或过剩等不同方面的风险。作为碳排放主体和实现碳中和的主力军，企业有责任和义务进行更高水平的碳风险管理，提高发展韧性，将这些风险对企业转型发展过程的影响降到最低。企业应根据自身发展实际，建立自己的碳风险管理体系，对企业低碳转型过程中资产搁浅的风险进行前瞻性预测和系统评估，做好风险管理与规划，提前完成应对风险的相应布局，采取主动防范、控制、补偿、承担和机遇转化相结合的方式进行碳风险管理，并定期更新碳风险管理体系。

第六，预防"碳关税"。

绿色贸易壁垒正日益成为西方发达国家推行贸易保护的新形态。据不完全统计，已有十余个国家和地区开始通过法律、政策等手段推行"碳关税""碳标签"制度，并使其逐步演变为国际贸易的新壁垒，以此阻碍外国高碳排放产品的进口。

2022年6月22日，欧盟碳关税法案通过，这表明碳关税正在日益临近。并且征税范围也在逐渐扩大，目前已经在钢铁、水泥、电力、化肥和铝的基础上增加了有机化学品、塑料、氢和氨。可以预见的是，中国对欧盟出口量最大的机电产品、金属制品、纺织产品等在今后的几年会被尤其关注。

目前，全球贸易保护主义抬头，就碳关税本身而言，这仅仅只是起点，绝不是终点，以美国、加拿大为首的发达国家设立碳关税机制的动作必定会越来越频繁。

短期来看，由于技术水平相比欧美发达国家较低，中国出口的产品在很长一段时间内仍将以劳动密集型和资源密集型之类的高碳低附加值产品为主。低碳壁垒的出现将增加中国出口企业的出口成本，削弱竞争力，改变行业竞争格局，甚至导致部分高碳企业离岸发展、中小企业面临生存危机等问题。因此，对中国企业而言，在过渡期可以利用机制不完善或者过渡期的阶段性特点来延缓或降低碳关税付费。有条件的企业可构建应对碳壁垒的即时预警与反应机制，对可能造成的潜在损失进行评估，及时衡量碳价对成本的影响，并将之纳入提供给管理层的成本会计报告中，以推动管理层做出正确决策。但从长期来看，唯有加快用能结构调整、加快推进绿色低碳转型、提高碳管理能力、提升碳关税应对能力，才是应对碳关税机制的根本发展之路。

5.1.4　企业应对碳市场

如果说碳达峰、碳中和分别是未来近 10 年、近 40 年长期的确定性方向的话,那么碳交易就是我们当下的确定性事项。面对碳市场的机遇和挑战,建议企业修炼内功,抓好实践,在确保合规的基础上,充分通过市场降低成本、获取收益,实现低碳发展的华丽转型。

第一,体检式自我剖析。

企业首先要做的是外部挑战分析,剖析碳交易将带来哪些风险和影响,能确定的是企业不转型将面临的是"死亡"风险。企业若转型太快,可能会引起碳资产搁置风险等;而若转型太慢可能面临被淘汰的风险。当然,也有我们控制不住的风险,如目前碳交易制度仍处于初建阶段,政策不稳定等因素还会带来额外的政策风险。所以,碳达峰、碳中和看似是一个"前有埋伏,后有追兵"的棋局。

那企业应该怎么掌握节奏？战略长远前瞻,转型与国家发展同频,节奏适度超前,技术与人才储备大胆超前。

其次,企业也需要进行外部机遇分析。在碳交易势在必行背景下,各行业的企业降碳减排成本、人才成本短期内会有所增加,部分减排不力的企业甚至面临环境违约或者行政处罚成本。但是也并不是毫无机遇:如果企业能逐步构建起新能源、碳排放管理智慧系统,那么毫无疑问会助力能源转型、减碳目标的实现;如果企业进行技术创新、工艺改进并成功将其应用于生产经营中,通过开发国家核证自愿减排量等碳资产,则有望获得结余收益,如出租转让研发技术获得收益,或创造新的行业赢利模式,建立起"碳比较优势"。

最后,企业要做的是内部优、劣势分析。在基础能力方面,自身具备哪些节能降碳技术、碳排放统计核算体系是否成熟;低碳技术研发资金、低碳技术研发机构等资源是否充足。在能源和碳排放层面,要明确能源消费总量、余量和未来用量,碳排放总量、余量、减排潜力和未来排放情况,已购买绿电和碳汇等情况,掌握自身能效水平、碳效水平。在技术层面,要明晰自身的技术优势和专业特长,行业内外最新技术进展。在组织方面,明确是否建立起了专业的人才队伍,企业上下是否对能控、碳排放有足够清晰的认知,是否具备参与碳排放权交易、用能权交易的能力。总之,企业要分析"能够做的""不能做的""能做好的"分阶段建立可持续发展机制,应对碳交易,助力实现碳达峰、碳中和。

第二,加强碳管理。

首先,企业需对自身的经济生产活动进行全方位的摸底盘查,认识自身碳资产家底,在企业资产负债表、现金流量表和利润表之外,企业还要建立"企业碳管理表",把碳排放当成生产经营的一部分,把碳当成资产来对待(当然,后期会计准则要求企业将碳资产纳入企业资产负债表另说)。一定要重视碳资产的重要性,尤其是重点减排企业,务必要预防碳配额紧缺,导致实际经营"由正转负"的情况发生。

其次,要创新建立碳排放管理体系,要探索建立碳排放的监测、核查、报告、预警等,实现智能化和低碳化。企业在新建项目时,要将碳排放影响评价直接融入项目可行性研究和咨询评估制度中,从源头上有效遏制高耗能、高排放项目建设。同时要建立应对碳配额履约、碳关税等的相关应急预案,开展碳排放形势预警,保障企业健康经营。

最后,要大胆探索考虑企业范围三的排放。正如前文所说,尤其是产业链的"链主"企业要有为产业链负责的心态,保护整个产业链免于"碳冲击"。要尽量避免受到行业"全面冲击"和行业"局部洗牌"的威胁。鼓励引入全生命周期的碳排放指标管理，完善碳足迹。加强能耗、碳排放监测审计，从源头控制高耗能行业新增产能。如个别产业链"链主"企业因碳交易市场而被"洗牌出局"，则可能会引起产业链"多米诺效应"。

随着国内国际全供应链、全生命周期碳中和理念的推广，企业正在提高对各级供应链的碳减排要求，碳中和正在成为全球企业最前沿的发展趋势。国际上已经有一些标杆企业开展了全供应链的碳减排工作，并将低碳环保作为供应商筛选指标之一。比如，苹果公司在过去十多年里对每一款产品都做了供应链碳排放的调查，并发布产品碳足迹结果。根据这些碳排放数据，苹果公司有针对性地推行了包括原料替代、绿色采购、投资上游企业低碳技术研发等在内的一系列举措。在 2020 年的环境进展报告中，苹果宣布其在全球的业务运营已经实现碳中和，并将于 2030 年实现全生命周期的碳中和。这一目标的实现必然需要推动多级供应链从多个方面参与持续减排工作，截至 2021 年 3 月 31 日，全球已有超过 110 家供应商承诺在生产苹果公司的产品时使用 100% 的可再生能源。目前，如微软、华为、腾讯、阿里巴巴都加入了产业链碳中和大军。可以预见得到，届时，这些企业及其所在的产业链面临"碳暴风雨"时会更从容不迫。

第三，拥抱碳市场。

在节能降耗空间日益缩减的情况下，碳市场为控排产业链和企业提供了一种低成本减碳的市场手段，促进产业结构向清洁低碳转型，助力控排企业降低碳排放总量和碳排放强度。

一方面，企业务必要积极拥抱"碳市场"。企业要建立以碳排放统计核算为核心的碳排放台账机制，持续监测碳排放状况，准确评价减碳的成效和收益。从低碳技术研发、产品设计、数字化生产过程管理、供应链管理等方面开展工作,通过采取直接减排、节能、节材、能源替代和原料替代等措施逐步建立企业全生命周期的碳中和管理体系,形成行业示范标杆,为争取尽快实现碳中和发展目标打牢地基。积极参与碳交易,将节约出来的排放配额转化成碳资产。进一步地,企业需以减碳成效为导向,加强反馈调节,形成减碳闭环。同时,低碳产品可以给企业带来更大的市场占有率、更高的附加值和更强劲的品牌竞争力,也可以有效抵御国外碳关税、未来国内碳税政策对企业的冲击。

另一方面,稳中推进。碳达峰、碳中和不是"一刀切式"的"硬达峰",更不是"冲锋式"的"硬中和",而是分梯次的"软着陆"。同样地,碳交易也不是一次性"赶鸭子上架"。实际上,碳交易市场给我们预留了充足的准备时间。此外,在推进时间上,企业在贯彻落实国家及有关政府部门的纳入碳交易的统一部署时,要服从低碳发展工作的统一领导、组织、规划、指导、监督和检查,更要提前做好功课。这些功课,除了上述应对碳中和、碳交易的几点之外,还要定期开展提升碳市场参与能力的课程培训,加强企业高层和技术人员的能力建设。

第四,用"绿色能源"做"绿色产品"。

要做到低碳、零碳,企业的"进""用"和"出"都要做到绿色低碳。

从"进"的层面来说,要优先使用可再生能源,持续提升清洁能源消耗比重,加快氢能、生物燃料、垃圾衍生燃料等能源替代。深入实施煤改电、油改电、煤改气。开发利用可再生能源,推进企业绿色低碳微电网建设,推广屋顶光伏、分散式风电、多元储能、高效热泵等,减少生产过程中资源消耗和环境影响。

从"用"的层面来说,要建设能源综合管理系统,实现能效实时优化调控。

要加快节能技术装备应用,利用高效加热、节能动力、余热余压回收利用等节能装备,加大特大功率高压变频变压器等新型节能设备的应用。同时,提高资源利用效率。应用规模化、高值化先进技术装备,积极拓展综合利用产品在冶金、建材、基础设施建设、土壤治理、生态修复等领域的应用。选用先进适用的清洁生产工艺技术,实行清污分流、废水循环利用、固体废物资源化和无害化利用。

从"出"的层面来说,要按照设计、选材、生产、包装、运输、使用到报废处理的产品全生命周期绿色管理理念,运用绿色设计方法与工具,应用产品模块化、集成化、智能化等绿色设计共性技术,采用高性能、轻量化、绿色环保的新材料,开发具有无害化、节能、环保、高可靠性、长寿命和易回收等特性的绿色产品。

第五,储备新技术和人才队伍。

在碳中和趋势下,新一轮技术革命和产业革命正在全球蓄势待发,率先掌握先进低碳技术的企业将引领行业实现环保与效益双赢。当然人才与科技往往是相随相行的。

首先,企业要明确自身的创新主体地位和主导作用,结合业务发展的实际需求,通过应用碳减排技术来改进生产工艺,在工艺和技术方面加大研发和投资力度,推动配套低碳技术研发机构建设,确保碳减排核心技术持续迭代升级。

其次,建议企业根据所属行业特性和自身发展需要,围绕建设自主可控安全高效的现代绿色产业体系,瞄准低碳技术、零碳技术、负碳技术以及生态碳汇技术等重点领域,协同产学研攻关,在具备良好发展前景的低碳技术领域进行前瞻性、引领性布局,掌握碳中和背景下产业竞争发展的主动权。

再次,鼓励企业,尤其是"链主"企业,以新能源、新材料、氢能、高效储能、再生资源利用、节能环保装备、碳捕集利用封存等领域为重点,联合高校、科研院所和行业上下游企业组建技术创新联合体,加大关键核心低碳技术攻关力度,增强绿色精益制造能力,加强创新平台建设运用,加速科技成果转移转化,着力构建引领绿色低碳发展的科技创新体系。

最后,建议企业设置应对碳排放管理和交易工作的专门部门和人员,组建低碳领军团队。调整人才队伍结构和人才培育体系,加快打造以绿色低碳为核心的新人才培育体系,突出骨干人才队伍建设,打造高精尖的行业技术带头人队伍,推进生产技术和节能降耗技术的迭代升级。建立专业人才队伍梯次培养和成长机制,保持队伍的延续性。

第六,要利用好碳资产及衍生的碳金融市场。

因此,对中国企业而言,在过渡期可以利用机制不完善或者过渡期的阶段性特点来延缓或降低碳关税付费。有条件的企业可构建应对碳壁垒的即时预警与反应机制,对可能造成的潜在损失进行评估,及时衡量碳价对成本的影响,并将之纳入提供给管理层的成本会计报告中,以推动管理层做出正确决策。但从长期来看,唯有加快用能结构调整、加快推进绿色低碳转型、提高碳管理能力、提升碳关税应对能力,才是应对碳关税机制的根本发展之路。

企业要制订中长期减碳规划和可持续发展规划,加大对减碳基础设施的融资与投入力度。在传统财务分析的基础上,从 ESG 维度考察自身中长期发展潜力,制订分解生产计划,在制造、生产、销售等全流程通过设备升级、管理创新等,形成减少碳排放的全新运营模式。

中国的碳金融、碳交易还处在刚起步阶段。企业要抢抓机遇,及时优化调整,充分运用碳交易、碳资产抵押、银行绿色贷款、财政补贴等服务,满足精准减碳的资金需求,满足精准减碳的节能技改需求,满足 ESG 等标准。

5.2 碳市场与碳服务业务

"3060"目标的提出,给我们未来 40 年提供了一个战略导向。也就是说未来的 40 年都是碳中和窗口机遇期。在碳达峰、碳中和战略背景下,围绕二氧化碳的计量、监测、管理、交易的市场空间巨大,具有长期确定性。

毫无疑问,"碳交易"是个新兴行业,自"双碳"目标提出以来,相信已有不少人立志要从事这一行业。当然,碳中和不只是环境问题,更是经济问题、产业问题、能源问题,甚至是政治问题。在"双碳"目标背景下,碳中和与传统领域的融合必定会孕育出许多全新的业态。本节,笔者就以"碳交易"为中心,对这个新兴行业现在以及未来可能出现的业务做一个总体的梳理。笔者按照上、中、下游的顺序对碳服务做一个梳理。简而言之,对上、中、下游可以用"准""准""用"三个字总结。上游主要是碳核算等的"标准"设定,中游是碳排放数据"准确",而下游主要是"用"碳排放权。

5.2.1 碳交易上游业务

碳排放的数据核算是碳达峰、碳中和工作的基础。基础不牢,地动山摇,如果碳排放的数据核算出了问题,那么国家、区域、企业的碳达峰或者碳中和就丧失了评判的标准,碳交易更是无从谈起。从这个层面上来看,碳排放的数据核算是所有碳服务的生命线。

　　碳服务的上游业务，基本围绕着碳排放核算的标准展开，主要包括核算标准与指南的制定。在国际层面，1998年，世界气象组织和联合国环境规划署（UNEP）联合成立了政府间气候变化专门委员会。作为国际公认的气候变化权威科学评估组织，联合国政府间气候变化专门委员会旨在全面评估气候变化，为应对气候变化提供有力的科学支撑。

　　作为政府间科学技术机构，联合国政府间气候变化专门委员会向所有联合国成员和世界气象组织会员国开放。IPCC评估报告也被视作有史以来最全面、最权威的气候变化评估报告，为各国政府制定与气候相关的政策提供了科学依据，是联合国气候变化大会《联合国气候变化框架公约》谈判的基础。

　　IPCC评估报告大致每6年发布一次，迄今为止，联合国政府间气候变化专门委员会分别于1990年、1995年、2001年、2007年和2014年发布了五次评估报告，2022年是第六次评估时间点。每次评估报告的发布都为国际气候谈判提供了重要依据并深刻地影响着每一次谈判的决策结果。

　　中国温室气体排放的核算方法和标准主要来自《IPCC2006年国家温室气体清单指南》。而省、市级的清单编制可以参考国家发改委发布的《省级温室气体清单编制指南（试行）》。企业层面的碳排放计算俗称企业的碳盘查。企业的碳盘查也就是我们早期所谓的"组织层面"的碳排放计算，最早源于世界资源研究所发布的《温室气体议定书》以及随后的ISO14064，后来又转化为国内各行业的《企业温室气体排放核算方法与报告指南》。

　　国内的主要碳核算方法、报告标准或指南框架基本上来源于国际标准，其制定者主要为国家部委及相关科研机构，以及国内的知名院校等。例如，《省级温室气体清单编制指南（试行）》就是国家发改委能源研究所、清华大学、中科院大气所、中国农科院环发所、中国林科院森环森保所、中国环科院天气中心等联合编制的。而省级以及企业层面标准和指南制定者也基本上以各个省市的地方性智库和地方性的知名大学为主。碳服务的上游业务并不是充分市场化的业务，也不是每年都有的常规性业务。因此，简单了解即可，对此不做深入讨论。

5.2.2　碳交易中游业务

碳服务的中游业务主要包括碳咨询、碳核查、碳计量等围绕碳核算展开的相关服务，主要内容是收集区域、企业能耗、工业过程、土地变化、废弃物处理等数据。提供这类业务服务的机构包括地方性智库、专业碳核查机构、第三方检测机构、碳监测设备供应商等，主要提供碳中和数据收集、分析、咨询、核查等服务并提供相关报告，是需求量较大的碳服务业务。

碳咨询业务，可以分为政府提供和面向企业提供的碳咨询服务以及"双碳"相关的研究课题。

政府层面提供的碳咨询业务主要为区域性的碳中和提供技术支撑，如温室气体清单编制，碳达峰、碳中和顶层设计，工业、能源、农业、建筑、居民生活、科技、"双碳"数智化平台建设等重点领域的碳达峰、碳中和行动方案编制。

通常来说，一个区域的温室气体清单编制报告分为一个总报告和五个分报告。五个分报告分别是能源活动温室气体清单报告、工业生产过程温室气体清单报告、农业温室气体清单报告、土地利用变化和林业温室气体清单报告、废弃物处理温室气体清单报告，而各分报告中的关键信息就形成了一个总报告。

有了区域的温室气体基本情况之后，一个区域的绿色转型发展机制和配套政策就有了基础。以此为基础，各区域就可以制订详细的路线图和政策框架了，这些政策措施覆盖了工业、能源、农业、交通等重点领域。

碳咨询业务也有面对企业的业务。比如企业的低碳发展规划、碳盘查。低碳发展规划主要是为一些重点控排企业、上市公司、互联网科技公司等提供低碳发展规划、减排路径制订等咨询服务，助力用能企业体系化开展"双碳"工作。

企业层面的碳排放核算方法与区域核算方法遵循不一样的逻辑。

碳核查，碳排放核算业务主要是计算企业和产品在某个时间段的碳排放，以及相关三方核查机构的核查业务，这类业务主要基于 MRV 机制安排（图 5-1）。

MRV 机制要求企业对产生碳排放的设备进行监测（M），按照碳排放测算的标准和方法进行碳排放测算，把能源消耗等数据换算成碳排放数据，再按照固定的格式向省级主管部门提交碳排放报告，这就是报告（R）。但是如何验证企业报上来的数据是否可信，就需要由政府委托第三方机构对企业提交的碳排放报告进行核查，进一步验证数据真实性，这就是核查（V）。当然，这里的核查又可以分为两个小类——核查和复查。政府委托的第三方进行碳核查之后，会委托第四方进行复查。业内习惯上将它们统称为"碳核查"。

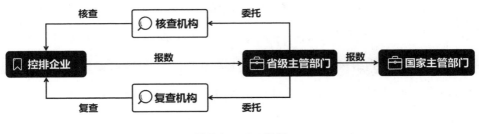

图 5-1　MRV 机制

　　碳计量。碳服务的中游业务可以说是以碳排放的量化为中心展开的，目前国内外主要应用的温室气体排放统计方法有两种：核算法和直接测量法（表5-3）。

　　核算法，又可以分为排放因子法和质量平衡法，主要是通过对生产过程中的能源消耗和物质使用量进行测算。

　　直接测量法，又称连续在线监测法，是借助连续排放监测系统（CEMS）对排放主体所排气体中的二氧化碳浓度和烟气流量进行实时的测量，从而得到连续、实时的碳排放监测结果。

表 5-3　温室气体核算方法比较

名称		原理	优缺点	
			优点	缺点
核算法	排放因子法	排放主体的排放活动×排放因子	1.方法成熟、简单、易行； 2.成本可控，经济性高； 3.应用案例多，适用面广； 4.集中、较分散的排放源均适用。	易出现人为数据问题，数据准确性存在争议。
	质量平衡法	根据质量守恒原理计算		
直接测量法		实行连续排放监测	1.直接测得排放量，核算工作少； 2.能实现数据采集、评估、质量控制和报送自动化； 3.能实现主管部门远程校核及溯源； 4.适用于多种燃料混合燃烧； 5.适用于集中排放源。	不适合分散排放源； 无法分析烟气中成分信息。

　　核算法，方法成熟、简单、易行，是目前通用的方法，但是往往出现人为数据问题，准确性存在争议，也给我们的碳交易造成了很大的影响。比如，在2021年5月，生态环境部召开例行新闻发布会并宣布，2021年6月底前启动全国碳

排放权交易市场线上交易。但是,后来全国碳排放权交易市场上线交易的时间是 7 月 16 日,比计划晚了半个月。这是因为中国华北地区一家高新材料公司的碳排放数据质量出现了问题。

按照碳交易主管部门生态环境部对全国碳排放权交易市场新增管控行业"成熟一个、批准发布一个"的宗旨,早在 2021 年,不少专家表示,2022 年纳入全国碳排放权交易市场管控的行业将增加 2 到 3 个。从目前的准备工作来看,业内普遍预期建材(水泥)、有色(电解铝)和钢铁 3 个行业有望在 2022 年被纳入全国碳排放权交易市场。但是,由于碳排放数据存在质量问题,八大行业中除电力外的其他高排放行业纳入全国碳排放权交易市场的时间将推迟一到两年。

数据质量问题主要分以下四类:一是主观上故意弄虚作假,碳排放核算结果严重失实;二是涉嫌违规修改参数和数据,碳排放核算结果不准确;三是涉嫌参数选用和统计计算不正确、质量控制不规范;四是核算边界合规性选取问题,造成碳排放核算数据失真。

电力是无差别的产品,电力行业 2019—2020 年的碳排放数据质量问题仍未完全解决,其他高耗能行业精准核算碳排放数据的挑战就更大。换句话来说,因为数据质量问题,碳市场在"十四五"期间把其余七大行业全部纳入进来,将是一个不小的挑战,而且越往后,难度和压力越大。

目前,中国碳计算和碳核查主要采用排放因子法,这是核算法中的第一种方法。简单来理解,就是用所有产生碳排放的活动乘以排放因子,然后求和。使用排放因子法,首先要确定区域、企业生产活动中的排放源头,比如煤、油、气、电的使用量是多少。然后是确定排放因子,也就是每个排放源对应的单位碳排放量,可以从国家的排放因子数据库根据用能来选择排放因子。有了排放因子和排放源统计，区域、企业就可以根据其年度生产活动的耗能量，计算出碳排放数据。

第二种方法为质量平衡法。根据能量守恒定律，一种物质不管发生什么变化，它的总质量是不变的。拿火电厂来举例，只要知道发电前煤炭中的碳质量，还有发电后剩余煤渣中的碳质量，就可以算出来排了多少碳。目前，在实际情况中，由于需要测算每个环节的排碳量，成本较高，这种方法较为少用。

以上两种方法都较为简单，但是它们都属于间接测算方法，根据排放因子法、质量平衡法计算出来的碳排放都是一个"理论值"或者说"约等数"，其与实际碳排放数据还是有一定的差距。如，采用排放因子法，目前尽管国家建有排放因子数据库，但是是否所有的活动都使用同一因子呢？显然这是理想情况。目前工业领域面临着"三化"问题，即"能源使用多元化""生产流程复杂化""过程排放多样化"，这就会对排放因子法的使用产生一个制约。而且除了电力企业，其他企业几乎没有排放基础数据，排放因子更是无从谈起。

如果计算方法本身就具备系统性缺陷，那就给造假提供了寻租空间，用不精准的数据作为依据，碳达峰、碳中和、碳交易也都失去了公信力。

因此，我们就需要一个更严谨、更准确、更具备公信力的方法——实测法，即直接测量法。简单点说就是通过"监测设备＋监测平台"直接对碳排放进行计量。因此，也可以将其称为"碳计量"。目前用得最多的是 CEMS，其全称是"烟气排放连续监测系统"，是指对大气污染源排放的气态污染物和颗粒物进行浓度和排放总量连续监测并将信息实时传输到主管部门的装置。如果用一个有科技感的名字来形容，就是给排放源安上"碳神经元"，通过"碳神经系统"实时获得碳排放数据。

在国际上，将直接测量法用得最好的是美国，欧盟次之，而中国尚在起步阶段。对于一个希望发展碳市场的国家来说,应对碳排放数据严谨量化问题最大的挑战,就是在用直接测量法取代现有的排放因子法和质量平衡法,或者将三者结合互补(具体发展见后文)。

碳计量的市场仍处在起步阶段,碳监测设备主要还在侧重科技研发及实验的阶段,但是"监测设备＋监测平台"的方式肯定会有很大的市场,相关的企业在未来碳的计量和监测中也将具备核心优势。

5.2.3 碳交易下游业务

核算碳排放数据,是为了更合理地使用碳排放权,不管是碳达峰、碳中和还是碳交易,抑或是碳资产管理,都围绕着碳排放的再平衡展开。碳交易下游业务主要包括碳资产开发、碳资产管理、绿证业务、碳培训业务、碳交易、碳金融等。业务服务机构包括碳排放权交易所、实体企业、专业服务机构、金融机构等。关于碳交易,前文笔者已经介绍过了,碳金融笔者在下一节再做介绍。本节重点介绍碳资产开发、碳资产管理、绿证业务和碳培训业务。

第一,碳资产开发。

碳资产是以配额和国家核证自愿减排量为代表的、可用于在全国碳排放权交易市场和自愿性碳排放权交易市场交易的碳信用。国家核证自愿减排量的开发是指,通过专业机构的审定和核查,使得一些符合方法学的减排项目的减排量获得国家主管部门签发的过程。尽管项目类别有很多种,但开发方式大致相同。在国内,最主要的碳资产还是可用于地方试点碳市场和全国碳排放权交易市场的国家核证自愿减排量,具体国家核证自愿减排项目的开发笔者上一节已经交代了。

第二，碳资产管理。

碳资产管理，就是相关专业机构协助电力企业、新能源企业、用能企业分析、挖掘及申请碳减排项目，通过配额代购代销、交易账户管理、制订交易策略与履约方案等方式服务全流程碳交易等，通过碳资产管理，进一步盘活企业碳资产价值，增加企业收益，通过市场交易向社会释放减排量，助力控排企业完成碳履约。

第三，绿证业务。

所谓绿证，就是绿色电力证书，又叫可再生能源证书、可再生能源信用或绿色标签，是国家主管部门对发电企业每兆瓦时非水可再生能源上网电量颁发的具有独特标识代码的电子证书，是非水可再生能源发电量的确认和属性证明以及消费绿色电力的唯一凭证。

之所以会产生绿证，是因为获得资金补助的风电（陆上风电）和光伏发电项目（不含分布式光伏项目）通过发电产生清洁电力，这些清洁电力并网后按照上网电价进行出售，同时这些发电企业可以向国家可再生能源信息管理中心进行绿证申报。若审核通过，国家可再生能源信息管理中心将按照 1 个证书对应 1 兆瓦时的标准结算电量。绿证最核心的作用是，可以被用于抵销范围二中企业的碳排放。换句话说，企业用了火电产生了一定量的碳排放，但是可以通过购买绿证抵销自身的减排。背后的原因是企业购买了绿证，相当于对新能源发电项目产生补贴，然后把对应的环境权益买了过来，从而抵销了自身碳排放。因此，发电企业被核发的证书可以通过单向挂牌或者协议转让进行售卖。

随着碳达峰、碳中和战略的提出，越来越多的企业和大型赛事活动都宣布了碳中和目标，而这些企业和大型赛事活动的碳中和路径中都会包括清洁电力的使用，这也就产生了绿证的需求。但是，目前中国没有并强制的绿证市场。

不过,可以预计的是,随着各企业主体和越来越多的大型活动陆续宣布碳中和规划,绿证市场将是一个新的增长点。

此外,从本质上看,部分国家核证自愿减排量和绿证都来自可再生电力的减排,所以理论上两者具有互换的可能性。因此,未来绿证的价格与国家核证自愿减排量价格将有一定联动性,不过目前还处于市场培育期。

第四,碳培训业务。

2021年7月,教育部发布了《高等学校碳中和科技创新行动计划》,这在很大程度上推动中国碳中和相关学科建设和专业人才的培养走上快车道。2022年5月,教育部又印发了《加强碳达峰碳中和高等教育人才培养体系建设工作方案》,强调要加快紧缺人才培养,包括碳捕集、利用与封存相关人才培养,以及储能和氢能相关学科专业建设,碳金融和碳交易教学资源建设。

不少机构统计,仅"十四五"期间(2021—2025年)中国"双碳"人才缺口在55万至100万名。但是我们预计,随着"双碳"工作的深入推进,以及人才培养工作的陆续开展,这类人才也会越来越多。

强大的培训需求也滋生了碳培训业务。这类培训服务主要是为了帮助行业、企业或者个人发展碳相关业务。2021年3月,国家相关部门将碳排放管理员列入《中华人民共和国职业分类大典》后,各行业对"双碳"人才的需求迅速扩大,碳资产管理人才存在巨大的缺口,培训业务成了行业快速发展期内一个急需的业务。

现阶段,碳资产管理师主要服务于碳交易所、企事业单位、政府等有关碳资产管理相关单位,这些单位自然也包含电力、钢铁、水泥、建材、石化、化工等多个行业的数千家重点排放单位。由于全球低碳转型,职业前景持续向好,甚至有不少业内专业人士认为,碳资产管理将成为房地产、IT行业后的第三个经济增长点。此外，随着政策不断加码，低碳行业在未来 10～30 年内都会处在上升期，随着碳资产管理专业技术人才培育力度的加大，预计碳资产管理和碳培训业务都将迎来一波黄金爆发期。

5.3 碳交易与碳金融

世界正在进入一个以气候问题为核心的新全球化时代。越来越多的国家通过参与碳中和等气候行动积极推进全球气候治理，绿色发展已经成为全球共识，可持续低碳经济将成为全球经济发展的主基调。碳中和目标的实现注定充满了挑战，这不仅是一场能源革命、一场系统的经济社会革命，也必然是一场深刻的金融革命。

碳市场是以碳排放权配额和国家核证自愿减排量等碳信用为交易标的的市场，是应对气候变化，深入贯彻落实"3060"目标的重要工具。虽然，目前中国的碳市场建设仍在起步阶段，碳交易流动性严重不足，碳价容易受个别参与者影响波动剧烈，而且尚未能实现价格发现功能，在风险管理上也缺乏政策工具。但是从发达国家的经验以及中国经济社会发展的经验来看，围绕碳市场，中国未来发展碳金融是必然的。国家主管部门相关负责人也曾表示，支持在碳市场平稳运行的基础上，适度开展金融创新。

要想实现可持续发展、绿色低碳发展，无论是发达国家还是发展中国家，都需要进行大量投资。随着全球各地碳市场的发展，以碳交易为牵引的碳金融也迎来了迅速的发展，并日益在碳达峰、碳中和中发挥服务和引导作用。从这个意义上看,碳交易市场本质上是金融市场,不仅要具备满足当前大型交易需要的基本功能,更要通过碳价格信号来实现对投资的引导。

关于碳金融的内涵,目前学界尚无定论。世界银行碳金融部门在《2006年碳金融发展年度报告》中首次界定了碳金融的含义,即"以购买减排量的方式为产生或者能够产生温室气体减排量的项目提供的资源"。随后,在其2011年《碳金融十年》报告中,世界银行又将碳金融定义为"出售基于项目的温室气体减排量或者交易碳排放许可证所获得的一系列现金流的统称"。

当然,国内也有机构及专家对碳金融进行研究,并对其定义进行阐述。中国人民银行研究局与中国金融学会绿色金融专业委员会发布的《绿色金融术语手册》(2018年版)提出了狭义的碳金融与广义的碳金融的含义。它提出:狭义的碳金融是指以碳配额、碳信用等碳排放权为媒介或标的的资金融通活动;广义的碳金融是指服务于旨在减少温室气体排放或者增强碳汇能力的商业活动而产生的金融交易与资金融通活动,包括以碳配额、碳信用为标的的交易行为,以及由此衍生出来的其他资金融通活动。北京绿色金融与可持续发展研究院院长马骏在其出版的《中国绿色金融发展与案例研究》中也给出了碳金融的定义:为减少温室气体排放、减缓和适应气候变化相关的金融交易活动和各种金融制度安排,包括碳排放权及其衍生品的交易,基于温室气体排放的低碳技术和低碳项目开发投融资活动,以及与应对气候变化、减少温室气体排放有关的担保、咨询和其他中介服务等。

我们可以看到,不同的研究机构和学者对碳金融有着不同的界定,但目前来看,大部分研究者均认同碳金融有广义和狭义之分。狭义的碳金融,指的就是围绕碳配额及国家核证自愿减排量进行的相关金融活动,简单点理解就是金融化的碳市场,包括碳排放权、碳金融衍生品交易以及碳资产管理业务。而广义的碳金融,泛指服务于碳减排的所有金融活动,包括支持环境改善、应对气候变化和节约高效利用资源的经济活动。不过也有将广义碳金融与绿色金融等同的,认为碳金融应该包括为环保、节能、清洁能源、绿色交通、绿色建筑等领域的项目投融资、项目运营、风险管理等活动所提供的金融服务。

碳金融体系的形成也具备逻辑基础。在第一章,笔者分析过碳交易的直接功能是实现经济系统的减排成本和阻力最小化。需要指出的是,碳交易是具有明显的周期性的,基本上是在国家的引导下进行"配额发放—碳交易—履约"的流程。但是对减排项目的投资却是随时发生的,并且在投资和获得减排收益之间往往存在一定的时间差。因此,要实现低碳发展就需要借助多样化的金融工具、引入多元化的交易主体,来形成交易动机,从而形成有效的、连续的市场预期。这对激发企业加快减排和绿色融资都具有积极的意义,而这正是在碳交易市场的基础上,进一步发展碳金融体系的核心目标。

从这些要求出发,未来的碳市场就需要形成碳远期、期货、期权等衍生交易工具,以及更复杂的、结构化的衍生品,以锁定价格,控制风险;另外,还需要开展其他碳资产管理和涉碳融资等碳金融服务业务,以实现碳资产的保值增值,确保企业能够获得合理的减排收益。

因此,碳交易与碳金融有着千丝万缕的联系:一是碳交易是碳金融发展的前提和基础,配额和国家核证自愿减排量也就成了碳金融的基础资产;二是碳金融产品主要是主流金融产品在碳市场的映射,只是金融资产锚定发生了变化;三是与传统金融市场类似,碳金融产品有相似性,运作机制也有一定的相似性,如碳金融也会出现以碳排放权为标的金融现货、期货、期权交易;四是碳金融不仅仅局限在碳市场内,也有场外市场;五是排放权交易金融化是碳交易发展的必然趋势。

一般来说,只有碳交易市场发展到一定阶段,市场上拥有一定的合格参与主体和健康的风险管控机制后,碳金融市场才得以发展。碳交易的发展离不开碳金融的支持,碳金融是碳交易发展的助推剂。从这个层面来看,碳金融与碳交易相互依存、相互促进。2021 年 1 月国家设立广州期货交易所,并推出碳交易权期货品种,从目前各交易所定位来看,今后中国碳金融衍生品交易重任将由广州期货交易所承担。

近年来,中国碳金融产品不断丰富,目前,中国碳金融产品的主要类型大体可以分为三类(图 5-2)。一是交易工具,指主要用于进行碳交易的产品,包括碳期货、碳期权、碳远期、碳掉期、碳基金、碳指数;二是融资工具,主要用于融资,包括碳质押、碳回购、碳托管、碳债券、借碳交易;三是支撑工具,主要包括碳指数、碳保险。各工具的定义见表 5-4。

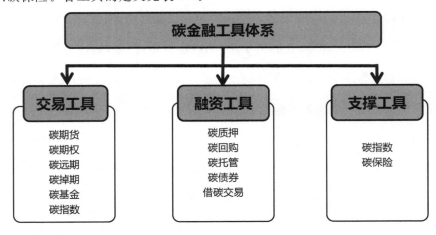

图 5-2　碳金融工具体系

表 5-4　中国碳金融产品的主要类型

工具	产品	定义
交易工具	碳期货	以碳排放权配额及项目减排量等现货合约为标的物的合约。
	碳期权	碳期权实质上是一种标的物买卖权，买方向卖方支付一定数额权利金后，拥有在约定期内或到期日以一定价格出售或购买一定数量标的物的权利。碳期权标的物，既可以是碳排放权现权，也可以是期货。
	碳远期	买卖双方以合约的方式，约定在未来某一时期以确定价格买卖一定数量配额或项目减排量。
	碳掉期	碳掉期是以碳排放权为标的物，双方以固定价格确定交易，并约定未来某个时间以当时的市场价格完成与固定价交易对应的反向交易，最终只需对两次交易的差价进行现金结算。由于碳掉期交易的成本较低，且可有效降低控排企业持有碳资产的利率波动风险，所以成为企业碳资产管理中的一项重要手段。
	碳基金	碳基金是为参与减排项目或碳市场投资而设立的基金，既可以投资国家核证自愿减排项目开发，也可以参与碳配额与项目减排量的二级市场交易。碳基金管理机构是碳市场重要的投资主体，碳基金本身则是重要的碳融资工具。
	碳指数	既是碳市场重要的观察工具，又是开发碳指数交易产品的基础。目前中国有中碳指数为碳市场投资者和研究机构分析、判断碳市场动态及大势走向提供基础信息。

续表

工具	产品	定义
融资工具	碳质押	以碳配额或国家核证自愿减排项目减排量等碳资产作为担保进行的债务融资。
	碳回购	碳配额持有者向其他机构出售配额,并约定在一定期限按约定价格回购所售配额的短期融资安排。
	碳托管	一方为了保值增值,将其持有的碳资产委托给专业碳资产管理机构集中进行管理和交易的活动。
	碳债券	碳债券是指政府、企业为筹集碳减排项目资金发行的债券,也可以作为碳资产证券化的一种形式,即以碳配额及减排项目未来收益权等为支撑进行的债券型融资。
	借碳交易	符合条件的配额借入方存入一定比例的初始保证金后,向符合条件的配额借出方借入配额并在交易所进行交易,待双方约定的借碳期限届满后,由借入方向借出方返还配额并支付约定收益的行为。
支撑工具	碳指数	既是碳市场重要的观察工具,又是开发碳指数交易产品的基础。目前中国有中碳指数为碳市场投资者和研究机构分析、判断碳市场动态及大势走向提供基础信息。
	碳保险	为了规避减排项目开发过程中的风险,确保项目减排量按期足额交付的担保工具。它可以降低项目双方的投资风险或违约风险,确保项目投资和交易行为顺利进行。

资料来源:根据中研绿色金融研究院相关公开资料等整理。

通过对比分析各类碳金融衍生产品,我们可以发现它们主要有以下几个特征。

一是虚拟性。碳金融衍生品是在碳基础产品(配额和国家核证自愿减排量)的基础上衍生出来的,其交易对象是对基础碳排放权交易在未来不同情形下处置的权利和义务。换句话说,其本身没有价值,只是一种象征合法的权利或义务的证书。就像我们常说,货币本身没有价值,只有流动起来它才产生价值。

二是与碳基础产品价格的联动性。虽然碳金融衍生品的运行独立于基础产品,但其价值及价格变动规律与基础产品密切相关。

三是杠杆性。碳金融衍生品交易时通常只要求交易者缴付基础产品价值的一定比例即可获得衍生品的经营权和管理权。保证金可以分为初始保证金和维持保证金,当保证金账户余额低于维持保证金时,持有人就会被要求追加保证金。待交易到期日时,对金融衍生品进行反向交易,对差价进行结算;或者进行实物交割,缴付一定数量的保证金获得基础产品。从这个层面看,碳金融衍生品具有很强的杠杆属性。

四是风险性。虽然碳金融衍生产品的运行独立于碳基础产品的交易,但是也能够为产品的持有人带来一定损益,到期或者符合交割条件时,按照金融衍生生品的价格计算收入或者损失,因此也具备一定的风险性。

根据清华大学、中金公司以及国家气候战略中心等机构的测算,到 2060 年,中国实现碳中和大约需要 140 万亿元的投资,相当于每年 3.5 万亿元。我们可以与互联网行业做个对比,在 2020 年,互联网行业整体的收入大概是 1.2 万亿元。也就是说,实现碳中和,相当于要拿出将近 3 个互联网行业的收入作为投入。当然这只是数字的对比,但是不可否认的是,这是一笔巨款,要完全依赖国家财政负担实现几乎是不可能的事情。因此,我们就要借助碳市场,大力地促进碳金融的发展,吸收更大量的社会投资。也只有大力发展碳金融市场,才能有望解决如此巨大的碳中和投资缺口,届时,碳中和资金来源问题将得到突破性的解决。碳金融毫无疑问会在碳中和这场广泛而深刻的经济社会变革中扮演不可替代的重要角色。

目前,通过碳市场机制这个政策工具来进行减排已经成为全球共识,碳交易正在碳达峰、碳中和中发挥服务和引导作用。社会各界对碳金融问题关注度较高,国家也在多年地方试点碳市场的基础上,设计和推出碳金融市场体系。尽管,相关部门已经出台了相关的制度安排,但是碳金融市场仍在起步阶段,尽管不少地方和金融机构也进行过尝试,如碳排放配额质押、碳基金、配额托管,但是仍处于"摸着石头过河"阶段。碳金融交易作为新兴事物涉及主体众多,加上碳交易环节、交易方式和交易程序比较复杂且存在着较大的政策性调整,因此,无论是政府还是企业或投资者都需要较长时间才能适应,形成碳金融专业能力则需要更久。

不过,我们有理由相信,未来碳交易的进一步发展能够增强碳金融服务实体经济的能力,进一步发挥金融市场服务绿色经济的作用。关于未来的碳金融可以从以下几个层面着手发展。

一是持续加强碳交易市场建设。目前,全国碳排放权交易市场第一阶段已经涵盖了电力行业,"十四五"期间将涵盖石化、化工、建材、钢铁、有色、造纸、航空行业的重点排放行业。随着主体范围的扩大,要推进金融机构场外碳金融服务试点建设,推进碳质押、碳回购、碳托管、碳基金等融资服务创新,形成多层级、多产品的碳金融市场。尤其要鼓励地方试点碳市场,发挥具备碳市场运行经验和参与主体广泛的优势。另外,成熟的碳市场的建设和发展有赖于排放企业、中介机构等主体的参与,更需要完备的基础设施建设。未来,随着碳市场的健全,碳市场与其他金融市场之间的联系或将进一步加强,碳市场可以从权益、固定收益、衍生品等相关市场的基础设施建设中吸取经验教训;同时,作为新时代下建立、发展起来的新型交易模式，碳市场建设中的有益探索也可以反哺其他金融市场，并逐步发展出新的国际碳市场基础设施建设范式，从而进一步提升中国在国际金融市场上的话语权和影响力。

二是要大力发展碳期货市场，前瞻性谋划与国际接轨的碳金融体系。目前，中国的碳交易市场还处在碳配额和国家核证自愿减排量的现货交易阶段，尽管有碳质押、碳回购、碳托管、碳基金等创新，但考虑到未来的发展方向，全国碳排放权交易市场与国际碳排放权交易市场的连接是必然的趋势，目前仅做碳现货交易还远远不够。碳期货、碳期权、碳远期等金融产品的逐步培育也将进一步丰富碳市场交易工具，增强相关排放企业的风险管理能力。因此，务必大力发展期货市场，建立碳金融体系，改变如今中国在国际碳减排体系中丧失定价权的尴尬境地。基于碳衍生品的碳金融市场开发、建设应该被尽快提上日程，并前瞻性地搭建与国际接轨的碳衍生品定价机制。从欧盟碳市场的发展经验来看，其期货市场在现货交易市场运行不到半年的时间里便开始生根发芽，在几年时间内便成为碳排放交易体系中的主要交易平台。中国自 2011 年开始，各地方试点碳市场的现货交易已陆陆续续启动了，随着各地各行陆陆续续被纳入碳交易体系，碳期货市场能够挖掘的发展空间会更大，一旦碳期货进入碳市场，其交易规模将以碳现货交易规模的几何倍数增长。

三是逐步扩大碳金融市场规模。前文笔者分析过，未来全国碳排放权交易及地方试点碳市场有望达到 80 亿吨左右的配额，按每吨配额 50 元来计算，其市场体量就为 4000 亿元左右。当然，市场体量并不可以简单与成交量画等号，每年实际的成交量也极有可能远大于市场体量。比如，欧盟碳市场从 2005 年开始运行，但是 2020 年，其配额交易量达到了 81 亿吨，是配额总量的 4 倍多，也就是说换手率达到了 400%，交易额达到 2010 亿欧元，约 1.4 万亿元。要知道,我们的碳配额总量是欧盟碳市场的 4 倍,而且我们企业数量要比欧盟多得多。因此,也有不少研究认为,未来碳市场的现货和期货总交易额预计能达到 20 万亿元左右。另外,未来碳金融市场规模巨大的新增量将为银行、证券、保险、资管等各类金融机构带来重大的机遇和挑战。

从市场规模来看,全球主要碳市场 2021 年交易额创纪录地达到 7600 亿欧元,相比 2020 年增长 164%。其中,欧盟碳市场以 6830 亿欧元占据全球交易额的约 90%,这主要是由于欧盟碳排放权价格在 2021 年快速上涨。美国的两大区域性碳市场,美国区域温室气体减排行动碳市场和西部气候倡议则以 492 亿欧元的总交易额排名第二,占全球交易额的约 6%。中国、韩国、新西兰等国的碳市场从市场规模上看还相对较小。

中国于 2011 年开启地方试点碳市场,并于 2021 年 7 月于上海环境能源交易所成功启动全国碳碳排放权交易市场。截至 2021 年年底,碳排放配额计成交量达 1.79 亿吨,累计成交额 76.61 亿元。在可预见的未来,碳市场仍将在中国的碳定价机制中起支柱性作用。

四是要逐步完善碳期货配套机制。在实现从现货市场逐步过渡到衍生品市场的过程中,应以开发碳期货产品为突破口,鼓励建设与之配套的金融服务制度、服务平台与中介服务机构。充分发挥中国碳金融市场的后发优势,规避欧盟碳市场期货市场的价格在实际运行中出现的问题,制定出具备中国特色的碳期货的交易机制和定价机制,发挥碳期货的预测作用,稳定中国碳排放权交易市场预期,并逐步推进运作机理更为健全、合理的碳期权产品交易市场建设。

五是拓展碳金融市场的广度、深度。从金融市场角度来看,碳配额是一种全新的金融标的,与现有的股票、大宗商品等类似。因此,碳市场也要通过更多种类的机构、资本、产品,通过碳交易、碳金融衍生产品的交易,制定更合理的定价机制。一方面，在推进碳市场扩容的同时，加速交易规模和参与机构的扩张，逐渐形成成熟的碳金融市场，拓展传统金融市场的广度；另一方面，也要借碳交易之势，拓宽中国金融市场投资标的的种类和范围，加快丰富机构和个人投资者的投资品种选择，提高金融市场整体的活跃度，实现碳金融市场在深度上的拓展。

六是进一步增强碳金融服务实体经济的能力。碳市场是中国金融体系中一种全新的交易模式，稳定、活跃、健康运行的碳市场将成为碳配额买卖双方积极参与市场交易的"指挥棒"。要充分发挥合理的碳价功能，激发相关企业研发减排技术的积极性，从而增强金融服务实体经济能力，支持"双碳"目标的实现。碳市场的交易活跃有助于带动碳捕集、封存和利用以及绿色能源等相关行业在权益、固定收益等市场的表现，二级市场的活跃进一步激励社会资本投资相关产业，助力技术创新，形成一二级市场的良性互动。最终，推动风光、氢能、储能以及碳捕集、利用和封存等绿色技术发展，推动更多的绿色技术、绿色创新遍地开花。

七是鼓励碳挂钩相关金融产品创新。碳排放数据是评估认证绿色金融产品的重要指标之一。目前来看，中国能源转型不仅面临巨大的绿色金融需求，而且高碳行业长期存在，需要通过技术改造升级实现低碳发展，面临巨大的转型金融需求。聚焦碳减排的碳中和债、可持续发展挂钩债券等金融应用不断落地。随着碳达峰、碳中和目标的推进，ESG 信息披露的进一步完善，挂钩碳排放指标的金融产品将逐步成为绿色金融、能源转型的重要发力点。

八是通过 ESG 投资加深中国金融市场的对外开放程度。目前，ESG 评价体系已得到国际上公认，ESG 投资也逐步被主流资产管理机构和投资人认可，大型资产管理公司逐步推出 ESG 主题指数产品，ESG 指数已在多个发达与发展中国家市场中得到了验证,在全球范围内成为通用的重点投资指标之一。但是,该概念被引入中国后略显"水土不服",比如龙头股茅台就被现有 ESG 体系评为 CCC,成为全球二十大市值公司中 ESG 评级最低的企业。在近期"双碳"目标政策背景下,中国金融市场对 ESG 投资的关注度逐步上升。中国要想实现资本市场国际化战略,做好 ESG 投融资是一道必答题。另外,中国碳金融市场的进一步成熟发展能够吸引更多国际投资者参与到碳金融交易中,拓展中国金融市场的对外开放程度和参与度,同时也有助于中国参与国际碳市场定价,提升中国在国际气候治理领域的影响力。

5.4 碳市场展望

不同于国外其他主要经济体的碳市场,中国碳市场不仅要推动控排企业实现用能结构和发展模式的深刻转型,还要在这个过程中实现经济高质量发展,完成既定经济发展目标。作为全球最大规模的碳市场,中国碳市场要有中国特色,未来中国碳市场将进一步完善市场机制,通过释放合理的价格信号,来引导社会资金的流动,降低全社会的减排成本,进而实现碳减排资源的最优配置,推动生产和生活的绿色低碳转型,助力中国如期实现"二氧化碳排放在 2030 年前达到峰值,在 2060 年前实现碳中和"的目标。

通过前面的介绍,我们基本上了解了国内与国际碳市场的概况,以及企业如何参与碳市场。本节我们讨论碳市场未来会如何发展,笔者认为未来碳市场会朝着这七个方向发展。

第一，更为合理的顶层设计。

现行的全国碳排放权交易市场体制机制基本建立，但由于全国碳排放权交易市场覆盖范围单一，现有的制度均是基于电力行业制定，仍然存在诸多不合理之处与诸多的不确定之处。随着碳市场的发展，纳入的主体与交易产品将日益丰富。单一行业的规范很难对未来的碳市场形成全面支撑，也无法形成有效的监管机制来识别市场中的寻租及违法违规行为。

因此，首要任务还是尽快通过碳排放权交易管理条例的国家立法，让全国碳排放权交易市场的运行有法可依，靠市场化顶层设计领航、法制化护航，充分发挥法制对实现"双碳"目标和应对气候变化的促进保障作用，建设有序高效的碳交易法制体系、实施体系和监督体系。稳步推进涉及碳达峰、碳中和的各类专门性立法建设，适时制定与现行法律法规体系有机融合的"气候变化应对法"，通过"良法"实现"善治"。此外，还要加快出台《碳排放权交易管理办法（试行）》有关法规，明确碳市场建设的主要思路与管理体系，保障中国碳市场建立与运营有法可依。充分挖掘现行法律法规的规制潜力，通过立、改、废促进相关法律与碳中和目标的有效衔接。进一步优化能源领域政策法规的制定，优化宏观调控与监管体系。鼓励有条件的地区开展以实现碳达峰、碳中和目标为立法主旨的地方性立法工作，丰富地方绿色低碳转型治理法制化的实践探索。构建多部门协调联动的综合执法体制机制，合理配置执法力量，依托新一代信息技术提高执法效能。建立健全碳中和领域相关的纠纷解决机制，拓展多元化解决路径，助力"双碳"目标任务有效落实。

在配额分配层面，对碳配额总量设置要坚持适度从紧。我们预计 2023 年前后，碳市场会转而执行混合型的配额分配制度，免费分配和有偿分配并举。未来的全国碳排放权交易市场预计将从目前的基于强度减排的配额总量设定方式,向基于总量减排的配额总量设定方式过渡,碳减排目标的确定直接影响碳配额的供给与需求,进而影响碳市场的价格。在机制层面,交易平台在信息的公开透明性、排放和配额数据的真实准确性、核查监管机制的严格性等方面会持续加强。因此,全国碳排放权交易市场全流程的总量控制机制、配额分配机制、交易制度、国家核证自愿减排量管理制度、监管制度以及风险控制机制应加快建立。

在约束层面,目前,电力行业的碳配额,是根据行业的基准线来进行分配的,这仍然属于"软约束",未来软约束需要转变为硬约束,即碳配额发放从松转向紧,转而运用基于总量的配额设定方式。同时,要推动各部门之间形成"合力",确保全国碳排放权交易市场的稳定发展。

第二,更大的市场空间。

目前,全国碳排放权交易市场仅纳入了发电行业(含其他行业自备电厂),门槛为排放达到 2.6 万吨二氧化碳当量及以上的企业或者其他经济组织。

2021 年,生态环境部应对气候变化司已经先后正式委托中国建筑材料联合会、中国钢铁工业协会开展将建材行业、钢铁行业纳入全国碳排放权交易市场的配额分配和基准值测算等工作。预期未来 1~2 年,全国碳排放权交易市场将覆盖建材和钢铁行业,在"十四五"末期,实现 7 个重点能耗行业(石化、化工、建材、钢铁、有色、造纸、航空)的纳入。预计覆盖八大行业之后,全国碳排放权交易市场的配额总量有可能会从目前的 40 亿吨扩容到 80 亿吨,覆盖全国二氧化碳排放总量的 80% 左右。

气体类型层面,目前碳排放配额主要涵盖重点排放单位拥有的发电机组产生的二氧化碳排放。未来,除了明确规定的八大行业之外,需要把用能和碳排放超过一定体量的企业主体也纳入进来。当然,也需要将进一步纳入其他温室气体。

市场交易的品种也要增加，丰富碳金融产品，从以现货为主转向现货、期货和衍生品并存。目前全国碳排放权交易市场主要进行现货交易，将来会更多地把碳金融衍生品纳入碳市场。预计在"十四五"期间，全国碳排放权交易市场将会在现货产品的基础上，增加期权、期货等碳排放交易的衍生品。碳交易产品多样化，可以活跃市场、提升控排企业和投资者对市场和碳减排政策的信心，但与此同时需要注重市场的风险管理。

第三，更为真实、严谨的碳排放数据测算体系，以及更严格的监管体系。

数据是碳交易的生命线。前文，笔者花了很大的篇幅讨论过现行的碳核算核查方法的弊病。因此，笔者预计未来的碳排放核算方法要从排放因子法、质量平衡法转向直接测量法。在宏观层面，加快建立统一规范的国家、省、市、县（市、区）多层级碳排放核算方法体系，健全碳排放强度核算和基准值计算方法等标准。同时，建立基于碳卫星的全国碳排放高精度实施监测系统，使用碳卫星数据对各地区核算出的碳排放量进行验证。在微观层面，以区块链等数字技术为引领，率先推进5G、智能感知、云计算等新兴技术在"双高"行业和温室气体重点排放单位碳排放实测技术领域的应用，建立具有中国特色的数字化、网络化、可视化企业碳排放统计核算计量体系。加快5G、智能感知、云计算等新兴技术在碳排放实测技术领域的应用，完善相关配套技术规范和质量控制标准，强化技术硬支撑。加强碳计量监测设备和校准设备的研制与应用，推动碳排放相关计量器具的智能化、数字化、网络化。

此外，也要加强重点行业和领域碳计量技术研究，推动重点行业碳排放相关计量器具合理配备和使用，完善行业碳排放监测体系，探索推动重点领域由宏观"碳核算"向精准"碳计量"转变，从而达到碳排放数据可比性强、准确性高、实用度高的目的。

第四,更为丰富的参与主体和业态。

未来的碳市场,不仅要有场内市场,更要有场外市场,场外市场足够成熟,场内市场才能足够繁荣。市场主体要逐步从电力扩大到其他七大行业,继而是政府、履约企业、投资机构、非履约企业以及社会组织团体和个人六类。

预计 2022—2023 年全国碳排放权交易市场将优先引入机构投资者,之后逐步引入个人投资者。届时,参与主体也要由以控排企业为主转向控排企业、非控排企业、金融机构、中介机构和个人投资者并重。比如:目前上海碳市场参与交易的主体包括约 300 家企业和约 400 家投资机构;四川碳市场不仅引入了上述主体,甚至还有公益机构的参与。

与此同时,笔者预计场外市场会更加成熟。金融机构将碳市场作为投资渠道,提供金融中介服务,有助于推动交易顺利进行,形成更加公平有效的市场价格,进一步提升碳市场的交易活跃度。因此,碳市场也要支持金融机构从提供代理开户、结算等中间服务转向交易、做市,培育中介服务机构从事碳交易经纪服务、咨询、监测等业务。

第五,碳税进程将提速,"胡萝卜＋大棒"控碳机制会更成熟。

2021 年 10 月,《中共中央 国务院关于完整准确全面贯彻新发展理念做好碳达峰碳中和工作的意见》中提出,要研究碳减排相关税收政策。换句话说,碳税也被提上了日程。"碳交易＋碳税"形成的"胡萝卜＋大棒"控碳机制会成为今后减排的重要工具。在"双碳"目标的严格约束下,中国未来有望加速出台碳税相关政策,与全国碳排放权交易市场协同助力"双碳"目标的实现。

从碳关税的层面来说,鉴于国际税收协定明确禁止双重征税,通过在国内实行碳税政策来抵销国际碳关税压力也是一条路径选择。因此,要根据各地发展特征、发展水平、产业结构等特点,科学设置差异化的碳税税率和阶梯式推进的纳税机制,确保碳税政策的施行适应经济发展特征。由于碳交易市场存在波动性,因此要构建"碳交易＋碳税"良好的协同机制,以实现两种制度在调控力度上基本一致,同时要为构建"胡萝卜＋大棒"模式形成相对公平的碳减排政策环境。

第六,更具合理性的碳定价机制。

每种资产都应该有它的价值。碳价的合理性和稳定性是碳市场通过碳定价服务减排的关键。那么碳到底值多少钱呢？奥巴马政府曾于 2010 年对碳成本进行测算,当时的结果折现到 2020 年约为 26 美元/吨,2016 年更新计算后的碳成本为 42 美元/吨。拜登认为 2021 年的碳的综合社会成本应该在 51 美元/吨左右;2018 年诺贝尔经济学奖获得者诺德豪斯认为应该是 37 美元/吨;曾经担任过世界银行首席经济学家的斯特恩(Nicholas Stern)教授认为,2020 年的价格在 40～80 美元/吨,2030 年则升高到 50～100 美元/吨。清华大学能源环境经济研究所所长张希良教授认为,对中国来说,"十四五"期间,碳价格应该在每吨 8～10 美元,也就是 55～65 元。

从市场表现来看,从 2011 年开始,中国在北京、天津、上海等 7 个城市搞了地方试点碳市场,到现在为止,平均价格是每吨 23.5 元。而 2021 年 7 月 16 日,在全国碳排放权交易市场的碳价起点锁定在了 48 元/吨。2021 年年底,全国碳排放权交易市场累计运行 114 个交易日,碳排放配额累计成交量为 1.79 亿吨,累计成交额 76.61 亿元,平均每吨 42.8 元。

根据国际碳行动伙伴组织发布的《全球碳市场进展 2021 年度报告》,2010 年到 2020 年 10 年间,欧盟碳市场碳价从最低点的 5 欧元左右上升到了 40 欧元。中国的碳价与欧盟的碳价相差了一个汇率。

当然,碳价高低并没有好坏之分,只有合理与不合理的区别。过高的碳价,会大幅增加企业经营压力、损害经济发展,过低的碳价又导致企业忽视减排,损害减排效果。因此,碳价要维持在相对合理范围内,有良性的碳价传导机制,才会形成有效的市场。

碳市场本身就具备全球统一的国际市场的属性,随着经济的发展,中国碳交易体系制度框架会日趋完善,企业在参与过程中的认识水平、减排能力和主动性、积极性都会得到逐步提高,至少,笔者认为碳价未来存在一定的上涨空间。

第七,从试点走向全国。

自 2011 年开展试点工作以来,中国碳交易已经历十余年的发展,逐步从局部试点走向全面统一市场建设。目前,全国碳排放权交易市场暂时未连接其他市场,是一个较为封闭的市场。因此,要建设好未来的碳市场,首先要做好国内的连接,即妥善处理地方试点碳市场与全国碳排放权交易市场的关系。

全国碳排放权交易市场开启后不再建设新的地方试点碳市场,已经存在的地方试点碳市场要被逐步平稳纳入全国碳排放权交易市场。纳入全国碳排放权交易市场的重点排放单位,不再参与地方相同温室气体种类和相同行业的碳排放权交易市场。

正如前文所述,笔者认为未来将形成更有层次的"9—2—3—4"碳市场体系。全国碳排放权交易市场并不必然会全面取代地方试点碳市场,二者之间可能会是一个共存的关系。因为全国碳排放权交易市场本着"抓大放小"的原则选择性地纳入企业,而将一些低于全国碳排放权交易市场标准但是又因符合地方试点碳市场纳入标准的行业企业纳入地方试点碳市场,是有必要的。此外,各地产业结构、能源结构差异很大,也需要地方试点碳市场来引领地方特色产业的发展。打一个不恰当的比喻,地方试点碳市场、全国碳排放权交易市场、国际碳市场的关系会像方言、普通话与英语的关系一样——共存。当然，我们也正在积极抢占国际碳交易制高点，在未来的国际碳市场，中国特色的标准也可能成为国际标准。

第八，从全国性碳市场走向全球性碳市场。

气候问题是一个典型的全球性问题，所以碳市场从诞生的那一刻起，就注定会演化成统一的国际市场。这就要求我们也要加强、加深与全球碳市场的合作，探索国际化道路。2021 年 9 月，中国-加州碳市场联合研究项目正式启动，以共同应对气候变化挑战，早日实现碳达峰、碳中和目标为目的，促进美国加州碳市场与中国碳市场之间的合作。全国碳排放权交易市场与国际碳排放权交易市场的连接是必然的趋势，其在交易主体、交易产品的种类、交易方式、机制制度等方面与国际市场趋同才会实现两者的平稳对接，也只有如此才能改变中国如今在国际碳减排体系中丧失定价权的尴尬境地。

与国际碳市场的连接主要有三个方向：一是要依托海南国际碳排放权交易中心和"一带一路"倡议，构建一个洲际的区域碳交易市场；二是处理好与欧美国家的碳市场的关系；三是要推出符合国际标准的碳交易产品，尤其要做好国家核证自愿减排量与碳核证标准（VCS）的核证减排量（VCU）及黄金标准减排量（GSVER）等国际产品连接。

从发展历程来看，国际上碳交易的产品主要有两类，分别是碳排放配额和基于项目的减排量，如清洁发展机制项目的核证减排量、碳核证标准的核证减排量，还有黄金标准减排量。清洁发展机制与核证减排量笔者前文有过大量篇幅的介绍，清洁发展机制的核证减排量由联合国清洁发展机制执行理事会签发，国际认可度较高，但已经是过去时了。碳核证标准的核证减排量和黄金标准减排量的签发机构是 NGO 组织，现阶段受到了国际上的普遍认可。国家核证自愿减排量则是由中国国内机构签发,在国内要优先于其他类型,但在国际上认可度并不高。

尽管中国的碳市场体量足够大,但是从前文的梳理过程中,我们也可以发现目前发达国家肯定会占领先机,中国碳市场的完善又需要很长时间,短期内加入的发展中国家,有可能会在与发达国家的博弈中,成为弱势方。

2020 年 3 月,国家核证自愿减排量被批准用于国际航空碳抵销和减排计划,使用范围得到扩大,进一步提升了审定与和核证行业空间。2021 年 11 月《格拉斯哥气候公约》达成,国际自愿碳减排交易体系正在筹备形成。一个以联合国为中央机制,各个国家的自愿减排量互认互通的机制正在加紧形成。也就是说,以国家核证自愿减排模式为代表的基于项目减排量的国际碳交易产品有望走出国门,走向国际碳市场交易,成为国际碳交易市场的排头兵。换句话讲,各国碳市场管控的企业可在全球或相互承认的区域内购买核证减排量来完成履约。

国家核证自愿减排量之所有会成为国际碳交易排头兵的主要理由有四。一是基于各国政府发放的配额,其他政府未必会认。以中国为例,中国是全球的碳排放第一大国,如果按照碳排放配额来进行全球碳交易,中国就具备天然的规模优势。以欧美国家为主的西方国家自然不会承认。因此,参与国际碳市场的任务就落到了国家核证自愿减排模式头上。二是国家核证自愿减排模式具备一定的国际基础。通过前文的介绍,我们知道国家核证自愿排机制减本身就源自《京都议定书》关于清洁发展机制的规定,无论是方法学上,还是接受程度上,本身就具备一定基础。三是国家核证自愿减排量是减排主体付出真金白银的实际减排量。按照马克思的观点,商品的价值由生产该商品的社会必要劳动时间决定,而社会必要劳动时间的定义决定了它是无差别的,从这个意义上看,基于项目减排量的国际碳交易产品凝结了无差别的人类一般劳动的价值,因此具备世界级商品的属性。四是国际上有与之对应的产品,因此,其走向国际的通道是打开了的。

当下,中国的国家核证自愿减排量市场亟待重启,打通国家核证自愿减排量与国际产品的对接体系,建立与国际互认的机制就成了关键。因此,一方面,要加快兼具国际标准又具有中国特色的国家核证自愿减排规范和制度建设,要以国际认可的标准来重塑国家核证自愿减排体系,以国际碳市场排头兵来定位国家核证自愿减排量。另一方面,要尽快重启国家核证自愿减排量市场,重启国家核证自愿减排项目的注册备案,为后续全国碳排放权交易市场以及参与全球碳排放权交易市场做好准备。试想,如果境外投资者可以参与国内国家核证自愿减排量投资,中国出口的产品也可以通过认购国家核证自愿减排量在产品出关前实现"碳中和",这也就意味着中国的碳市场正式打开了国际化之旅。

但是,也要清楚地认识到,碳市场是政策的产物,其交易的对象是看不见摸不到的,不像石油、黄金等锚定物,人民币想要以碳交易的计价结算货币绑定权以及由此衍生出来的货币职能来走向国际,一定会存在着极大的挑战。

目前,欧盟碳市场在某种程度上已然成为全球碳交易市场的引领者。而美国,虽然目前没有建立起全国性的碳交易市场,但其代表性的市场——芝加哥气候交易所,是全球第一个具有法律约束力、基于国际规则的温室气体排放登记、减排和交易平台,对全球仍然具有着重要的影响力。作为世界上的头号大国和第二大碳排放国,尽管美国历届政府对于全球气候变化政策态度反复无常,但是其对全球碳市场的影响不容小觑。

我们可以预见,在未来,中国碳市场会进一步加强与全球各碳市场的合作,协调中国与国际碳排放权交易机制间的差异,加快中国碳市场的国际化进程。

同时,中国碳市场作为全球最大碳市场,在全球性碳市场建设中有望发挥规模优势。

作为全球第一人口大国、第二大经济体、"世界最大工厂"及第一碳排放大国,中国对于全球气候治理目标的实现具有决定性的影响。中国的碳达峰、碳中和能做到什么程度、能走多深、走多远都在一定程度上直接决定了全球气候治理的成败。这也就注定了,中国碳交易市场能走到什么程度,也直接决定了全球碳交易能走到什么程度。我们坚信我们有能力、有决心建立起一个高效、活跃的碳交易市场,"碳交易-人民币"模式也必定会成为国际"硬通货"。

5.5　碳金时代:人民币与全球统一碳市场的未来

近年来,以碳中和为目标的绿色低碳发展日益成为全球经济增长的主流模式,低碳经济正在成为世界各国寻求经济复苏,实现可持续发展的重要战略选择。在此背景之下,碳排放权已然演化为一种稀缺性资源,围绕碳排放权交易计价与结算职能的国际货币角逐将愈演愈烈。

笔者长期在思考三个问题:一是全球统一碳市场怎么走?二是人民币怎么走出去,成为国际储备货币?三是碳中和时代,全球如何重新建立一个新的国际货币新秩序?

全球货币竞争的历史表明,能源计价结算的锚定物,往往会成为货币崛起的起点。在回答这几个问题之前,我们可以先简单回顾一下世界货币与锚定物的历史。至今为止，可以说，我们一共经历过两个时代——黄金时代、黑金时代，而当下，我们正在迎来一个碳金时代。

5.5.1　黄金时代

黄金时代是金本位制时代，即以黄金为本位币的货币制度时代。在金本位制下，每单位的货币价值等同于一定重量的黄金（也称货币含金量），不同国家使用金本位时，国家之间的汇率由它们各自货币含金量之比——金平价来决定。黄金时代占据了人类社会相当长的一段时间。正如马克思所说："金银天然不是货币，但货币天然是金银。"全世界范围内，人类社会在经历过五谷、牲畜、陶器、布帛、贝壳等一般等价物后，开始步入金属货币阶段。由于金属货币具有体积小、价值大、便于携带、久藏不坏、质地均匀、容易分割等天然属性，它最适宜充当一般等价物。无论是在远隔千山万水的四大文明古国，还是在跨越洲际的安迪斯山脉和北美大陆，似乎大家都不约而同地选择了黄金。这种黄色金属打破了地域、文化、语言的隔阂与藩篱，成为全球人民的挚爱，在很长的一段时间内被用来固定地充当一般等价物，黄金也是近代工业文明的物质基础。两次世界大战期间，国际货币体系分裂成几个相互竞争的货币集团，各国货币竞相贬值，动荡不定。1944 年 7 月，在美国新罕布什尔州的布雷顿森林，《国际货币基金协定》通过，协定约定美元与黄金直接挂钩，各国主权货币与美元挂钩，对标黄金实物，史称布雷顿森林体系，黄金时代进入巅峰时期。

5.5.2　黑金时代

布雷顿森林体系的确立,使得美元享有特殊地位,开启了美国通过发行纸币而不动用黄金就可以进行对外支付和资本输出的时代,膨胀了其对外扩张和掠夺的野心。鼎盛时期,美国掌握着了当时全世界七成左右的黄金储备。美国耶鲁大学教授特里芬(Robert Triffin)在《黄金与美元危机:自由兑换的未来》一书中明确指出:布雷顿森林体系以一国货币作为主要国际储备货币,在黄金生产停滞的情况下,国际储备的供应完全取决于美国的国际收支状况。20世纪四五十年代,随着美国国际收支逆差的逐步增加,美国的黄金储备日益减少。20世纪六七十年代,深陷越南战争泥潭的美国财政赤字巨大,国际收入情况恶化,美元的信誉受到冲击,并爆发了多次美元危机。多方面的原因导致大量资本出逃,各国纷纷抛售美元抢购黄金,使美国黄金储备急剧减少。1971年7月,第七次美元危机爆发,尼克松政府开始实行新经济政策,停止履行外国政府或中央银行可用美元向美国兑换黄金的义务,单方面宣布黄金与美元脱钩。布雷顿森林体系破产,这也标志着美元与黄金挂钩的金融体制的解体。

美元作为国际储备货币的地位开始受到质疑,金融霸主地位日益松动。这时候,美国需要找到一种既可以维护美元权威,又可以肆意增加货币数量的途径,于是美国将目光瞄向了世界最大的流通商品——石油。石油输出国组织简称"欧佩克"(OPEC),是1960年成立建立的国际组织,是亚、非、拉石油生产国之间为协调成员国石油政策、应对西方石油垄断资本的剥削和控制的组织机构。该组织成员国约共占世界78%以上的石油储量,占全球产油量的40%和出口量的一半。沙特阿拉伯作为欧佩克第一大原油产出国,实际领导着欧佩克的发展。而沙特阿拉伯由于饱受中东诸国对其挑战之苦,亟须借助美国的武器装备施加军事威慑,于是甘愿依附美国。在黄金与美元脱钩后的第三年,也就是 1974 年,美国与沙特阿拉伯秘密签署了《不可动摇协议》,欧佩克主导国家沙特阿拉伯宣布将美元作为出口石油唯一的定价货币。这也就奠定了影响至今的世界"石油-美元"体系的基础,形成了美元与石油挂钩,各国主权货币与美元挂钩的"黑金时代"。

我们当下身处高度发达的工业文明之中,石油是世界经济的发动机,无任何能源可以完全替代石油。美元通过绑定石油的全球贸易结算,加强了其在国际上的霸权地位。摆脱了黄金等传统锚定物之后的美元,又开始成为全球所有国家的必需品,美元霸权迎来了喘息之机。

5.5.3　碳金时代

随着气候治理日渐成为全球关注重点,应对气候变化、碳排放、能源革命、产业革命成为全民话题。继 2020 年 9 月 22 日,习近平宣布"二氧化碳排放力争于 2030 年前达到峰值,努力争取 2060 年前实现碳中和"目标愿景后,2021 年 1 月,拜登在宣誓就职总统仅数个小时后就签署美国重返《巴黎协定》行政命令,并将气候问题列为"优先事项"。截至 2021 年 3 月,全球已有 127 个国家和地区做出了碳中和承诺。① 全球"零碳竞赛"正式开启。

全球气候竞赛开启了一场对传统化石能源的口诛笔伐,各行业的绿色低碳升级、技术升级、工序改造像极了羊圈外的霍霍"磨刀",而传统化石能源及相关

---

① 《人民日报》,2021 年 03 月 24 日 18 版。

行业在圈内焦躁不安又无所适从。传统化石能源正迎来一轮全面的更替。能源秩序的转轨极有可能让人类自工业革命以来建立起的世界秩序、经济秩序、产业结构、基础设施在一夜之间发生翻天覆地的变化。化石能源经济体系早已背影萧瑟，石油王朝已然四面楚歌。"石油-美元"体系正迎接其黄昏的到来，美元通过"绑架全世界"对全球进行金融掠夺的时代将迎来最大的挑战。

碳中和时代，当低碳排放成为全球经济增长的边界约定之时，碳排放权逐渐演化成一种稀缺资源。以碳排放权为核心而建立起来的碳金融逐渐抢占低碳经济制高点。全球开始建立碳资本与碳金融体系，将对危机后的全球经济与金融格局产生广泛而深远的影响。全球碳排放权交易市场的扩大，将对美元霸权地位、货币格局多元化产生影响。碳交易市场将有望成为推动人民币国际化、国际货币多元化的绝佳契机。

那么中国如何参与全球统一碳市场，人民币怎么走出去，去引导重新建立一个新的国际货币新秩序呢？笔者认为可以从以下几个层面着手。

第一，锚定新能源，开展"新能源外交"。

弱国无外交。同理，没有坚强的清洁能源实力，就不会有能源外交。当下而言，新能源是中国已具备优势的领域之一。从规模上来看，2019年，中国电力行业发电装机容量20.1亿千瓦、发电量7.3万亿千瓦时，均位列世界首位。其中清洁能源发电装机占总装机比重达42%，其中常规水电、风电、太阳能发电装机容量分别达到3.3亿千瓦、2.1亿千瓦、2亿千瓦，均居世界第一。从技术上来看，中国风电、光伏、特高压等关键技术与工程应用全球领先，正面临技术与产业"弯道超车""换道超车"的难得机遇。

习近记强调，"能源合作是共建'一带一路'的重点领域"①，"推进'一带一路'建设，要抓住关键的标志性工程，力争尽早开花结果"②。因此新能源外交之路，可以从"一带一路"沿线国家开始。"一带一路"沿线国家人口众多，经济相对落后且发展粗放，环境脆弱、减排压力大，能源基础设施落后，但能源市场规模和资源禀赋优势明显、潜力巨大，与中国互补性强，中国可因地制宜，促进与其清洁能源的合作开发。

从区域特征来看，中国的能源资源逆向分布与亚欧大陆板块能源资源逆向分布有着极强的相似性。对中国而言，中国西部地区是能源中心，而东部地区是用能中心；从亚欧大陆来看，中东地区是能源中心，而东部的韩国、日本、印度和中国都属于用能中心。因此，西部地区是推进清洁能源外交发展的前沿重镇。首先要推进西部电网与东南亚、南亚、西亚和中亚联网，推进东部电网与东北亚、中亚、东南亚联网，形成国家级的"小能源圈"。充分发挥中国特高压和智能电网技术、装备和工程优势，在亚欧大陆板块形成洲际的"大能源圈"，最终形成"西电东送、北电南供、多能互补、跨国互联"的能源格局，以清洁绿色方式满足经济社会发展和人民生活用电需求，将中国打造成"一带一路"重要电力枢纽。

其次，借助新能源规模、技术、中国制造与工程施工优势，以建设全球"电极"为目标，建成全球最大发电国与电力输出国。在建好"一带一路"重要电力枢纽后，适时谋划与全球合作筹建"全球电网"，形成从发电、输电到用电的链条。

---

① 《人民日报》，2018 年 10 月 19 日。
② 《人民日报》，2014 年 11 月 7 日。

最后,形成人民币与新能源挂钩,各经济主体以人民币作为计价结算货币的格局。前文笔者提到,欧佩克占全球产油量的40％和出口量的一半,通过与美元挂钩,帮助美元实现了的霸权梦。设想,如果全球40％～50％的电力来自中国,均用人民币进行结算,那么全球将迎来人民币的时代。

第二,深化全国能源大市场与碳市场联动。

打铁还需自身硬。只有建立起有影响力的全国碳排放权交易市场才能加强在全球碳交易中的定价权。在"双碳"目标背景下,碳市场是通过市场化方式控制和减少碳排放的重要途径,对于推动经济社会绿色低碳发展意义重大。在碳排放总量中,有90％以上的碳排放来自能源活动。从这个意义上来说,推进能源统一市场与碳市场的耦合能有效形成"能源生产—能源配置—能源使用—能源活动—碳排放管理"的闭环。

近期,中国的碳市场建设要重点优化电力市场与碳市场规则,消除市场壁垒,提高市场效率;中远期,逐步推进能源市场和碳市场的协同管理以及参与主体、交易产品、市场机制等要素的深度融合。

在发电侧,根据中国"3060"战略目标确定发电企业各交易期碳排放额度,综合考虑总体减排要求、清洁发展目标等因素,动态形成碳排放成本价格,通过碳排放成本价格的动态调整,不断提升清洁能源市场竞争力,逐步推进能源的清洁替代。在用能侧,建立能源市场与工业、交通等领域用能行业的关联交易机制,用能企业在能源采购时自动承担碳排放成本,形成清洁电能对化石能源的价格优势。在输配侧,推动全国范围能源市场互联互通,促进优质、低价清洁能源大规模开发、大范围配置、高比例使用。全国能源大市场与碳市场的有效结合能够将相对分散的气候与能源治理机制结合起来,实现"1＋1＞2"的功效。

目前,欧盟碳市场在某种程度上已经成为全球碳交易市场的引领者。而美国虽然目前没有建立起全国性的碳交易市场,但其具代表性的市场——芝加哥气候交易所,是全球第一个具有法律约束力、基于国际规则的温室气体排放登记、减排和交易平台,对全球仍然具有重要的影响力。2021 年 7 月,中国上线的全国碳排放权交易市场,存在着市场发展尚未成熟,碳排放权交易的法律法规不健全,参与主体活跃性待提高等问题。只有建立起一个高效、活跃的碳交易市场,才能打造出有国际影响力的碳交易体系,"碳交易-人民币"模式才能为人民币成为全球接受的碳交易结算货币打下基础,人民币才有机会成为国际硬通货,中国才能获得定价地位。

第三,以排头兵为定位发展国家核证自愿减排项目,大力推动参与全球统一碳市场。

2022 年 5 月 31 日,国家发改委、国家能源局印发《关于促进新时代新能源高质量发展的实施方案》,提出"支持将符合条件的新能源项目温室气体核证减排量纳入全国碳排放权交易市场进行配额清缴抵销"。换句话说,就是要支持将新能源项目国家核证自愿减排量纳入全国碳排放权交易市场。前文,笔者分析过,当前一个以联合国为中央机制、各个国家的自愿减排量互认互通的机制正在加紧形成,基于国家核证自愿减排项目的产品就有望走出国门,走向国际碳市场交易,成为国际碳交易市场的先锋。

因此,作为国际上最有可能被认可的减排信用,我们要以国际碳市场排头兵的定位来重启国家核证自愿排项目的抵销。因此,首先,要加快符合国际标准、具备中国特色的国家核证自愿减排模式的规范和制度建设;其次,要尽快重启新的国家核证自愿减排量市场,以国际航空碳抵销与减排机制为切入点,加强国际沟通与交流,鼓励各地区、各行业、各企业开展类似国家核证自愿减排项目的自愿减排项目；最后，要做好"争"的文章，抢抓全球范围统一的碳交易市场"空档期"，积极与各类国际组织开展合作，广泛引入国际碳减排品种，打造丰富的产品线，争取碳交易国际定价权，抢占国际碳排放交易"制高点"。按照"一带一路"倡议，筹划建立区域碳市场和区域碳金融体系。同时，探索推进同欧美发达国家和地区间互认的碳排放标准体系建设。

第四，坚定不移推进数字货币，走向国际化。

近年来，中国在金融领域取得了备受瞩目的成功。普华永道会计师事务所《全球消费者洞察调研 2019》显示，在中国有 86％的人口使用移动支付，普及率全球遥遥领先。同时，国家层面，也在加快对移动支付系统的部署，中国的货币数字化进度远远领先于其他国家。虽然电子人民币被定位为现金支付券，但人民币数字化的想象空间是巨大的。一方面，国家"一带一路"倡议、《区域全面经济伙伴关系协定》(RCEP)等的深入落地，将极大地促进贸易和投资的流动，电子人民币将促进人民币在跨境交易结算中的使用，并为建立一个由中国主导的更便捷的区域数字货币网络奠定基础。另一方面，人民币数字化将帮助中国将数万亿美元的国内债务国际化，为将人民币转化为国际化货币创造巨大需求，从而创造一个巨大的国际市场。

国际金融危机以来，美、欧、日等发达经济体实施的超宽松货币政策已经使全球流动性长期泛滥，利率水平长期下行，全球陷入超低利率和负利率陷阱。当下，全球新冠肺炎疫情持续蔓延，并有长期存在之势。为了应对新冠肺炎疫情，这些国家继续实施了超宽松货币政策，进一步使全球债务总规模创下新高。发达国家高赤字、高债务、低经济增长率的矛盾愈加突出。在此背景之下，中国成为唯一正向增长的主要经济体，也成了比其他新兴市场经济体更安全的目的地。因此，人民币在全球外汇储备中的份额也持续增长。不少金融机构都预测，人民币不久或将跻身世界三大货币之列。在中国的经济规模、融入全球经济都取得可喜成就且增长前景良好的背景下，更要持续加快人民币国际化进程，使人民币在促进全球经济复苏中发挥更大的作用，真正成为全球主要储备货币。

第五，谋划"新能源-碳资产-人民币"的世界货币新模式。

当下，全球已就碳中和达成共识，但发展仍是世界的永恒主题，因此在发展和减排之间就形成了矛盾。一方面经济发展对能源的需求仍处于上升通道，另一方面全球对绿色低碳渴望迫切。

基于"黄金-美元""石油-美元"的历史以及当下全球的发展诉求，我们是否可以谋划谋划"新能源-碳资产-人民币"的世界货币新模式？假设我们发行一种数字货币，可以先给它取个具备中国风的名字，比如叫"碳元"（音似"汤圆"），我们规定 1 碳元为对应 1 吨碳排放或者 100 千瓦时（100 度）的新能源电力。

假设你是一家新能源企业，你发了 1 亿度电：在供给侧，你通过并网完成交易就可以拿到相应碳元；在消费侧，如果你要用电，你就必须通过碳元来购买电力，可以通过货币为碳元账户充值，也可以用国家核证自愿减排量来兑换碳元。其他生产、生活交易离不开电力也离不开碳排放，所以碳元将层层地渗透到人类日常生产生活的每个角落。

如此一来，发展和减排之间的矛盾就被成功化解。最关键的是，它具备经济学的基本逻辑：不管是新能源发电还是完成减排量都凝结了无差别的人类一般劳动的价值。而在流通环节，"石油-美元"体系也证明了以能源为计价结算的锚定物的世界货币体系可以成功运转。

此外，"新能源-碳资产"锚定物在国际化、金融化、数字化、低碳化等方面,都比石油更胜一筹,是非常完美的"锚资产"。那么,"碳元"这个货币就可能成为真正世界货币。当然,"新能源-碳资产-人民币"离不开区块链、数字化等技术支撑,也需要国家做信用背书,更需要全球共享数据,全球监督,全球通用。

当然,未来全球统一碳交易市场走势、全球新的国际货币体系发展存在着诸多的不确定性。不过,我们坚信,碳金时代会是中国的时代、人民币的时代,我们拭目以待!